AF268742

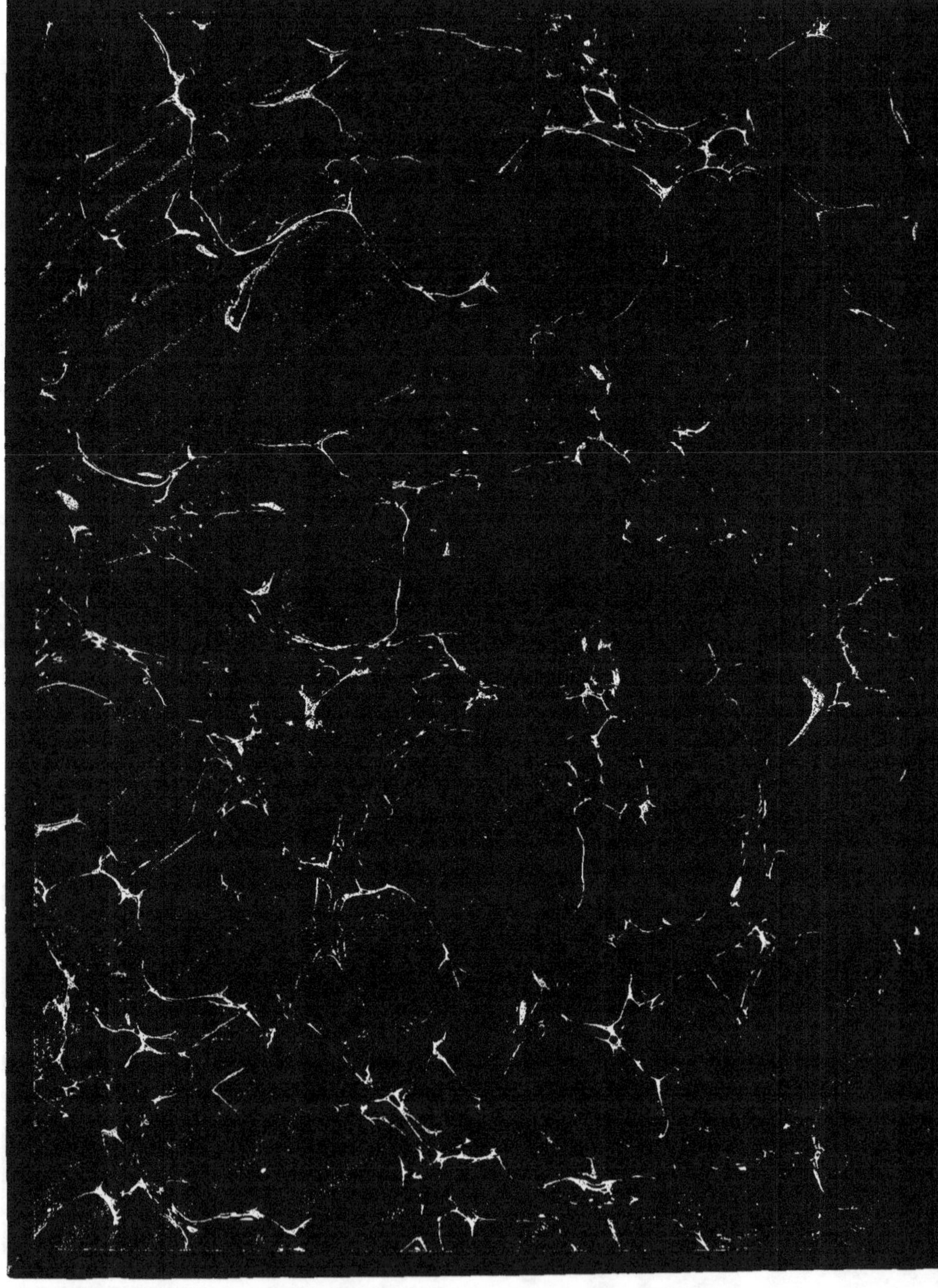

RECHERCHES

THÉORIQUES ET EXPÉRIMENTALES

SUR LES

PROPULSEURS HÉLIÇOÏDES

PAR

M. BOURGOIS,

Enseigne de Vaisseau.

PARIS.

ARTHUS BERTRAND, LIBRAIRE-ÉDITEUR,

LIBRAIRE DE LA SOCIÉTÉ DE GÉOGRAPHIE, RUE HAUTEFEUILLE, 23,

ET CHEZ LES PRINCIPAUX LIBRAIRES DES PORTS.

1845.

RECHERCHES

THÉORIQUES ET EXPÉRIMENTALES

SUR LES

PROPULSEURS HÉLIÇOÏDES.

NANTES. IMPRIMERIE W. BUSSEUIL,
RUE SANTEUIL, 8.

PRÉFACE.

L'usine d'Indret venait de recevoir la commande d'un petit bâtiment à hélice, et l'étude de ce nouveau mode de propulsion offrait trop d'intérêt aux ingénieurs de cet établissement, pour qu'ils négligeassent de faire des expériences destinées à jeter quelques lumières sur les propriétés si peu connues de la vis. — La confection de plusieurs séries de propulseurs fut dirigée par M. Mangin, sous-ingénieur de la marine, qui se proposa de les essayer sur une yole en fer construite à l'usine; mais appelé à d'autres services, à Cherbourg, il ne put réaliser ses projets. — Le petit nombre de collègues qu'il laissait à Indret suffisait à peine à la surveillance et à la direction des immenses travaux de l'usine, et ces expériences intéressantes étaient ainsi menacées d'un ajournement indéfini. J'offris alors mes services, qui furent acceptés avec une extrême bienveillance, en même temps que l'on s'empressa de me fournir les moyens d'étendre mes recherches à un grand nombre d'autres propulseurs héliçoïdes.

Les tableaux que je publie ici, sont les résultats d'expériences qui ont duré plusieurs mois, et qui ont été particulièrement dirigées sur les variations du recul de la vis, en raison de sa forme et de ses dimensions. Le nombre et la nature de ces expériences, les importantes questions qui s'y rattachent, ne peuvent manquer d'attirer sur elles l'attention.

J'ai fait suivre les recherches expérimentales, d'une théorie des propulseurs héliçoïdes que j'ai cherché à rendre aussi complète que possible, en m'abstenant toutefois d'aborder les questions d'application pour lesquelles je renvoie aux documents renfermés dans l'ouvrage de M. Labrousse, dans les rapports de M. de Montaignac, et dans les derniers volumes du *Mechanic's Magazine*. Cette théorie est appuyée par tous ses points sur les expériences dont je donne les détails et les résultats. — Je n'ignore pas les objections que peut soulever la petitesse de l'échelle sur laquelle on les a faites; mais je sais aussi que la plupart de ces objections ne sont que spécieuses et ne vont pas au fond des choses. Ici, en effet, où nous voulons surtout calculer l'influence des dimensions et des formes de la vis sur le recul, le frottement de l'eau ne jouant plus qu'un rôle secondaire, le recul n'en est que légèrement altéré; tandis que dans les expériences faites sur une grande échelle, et dont le nombre est alors nécessairement très-limité, le frottement devient très-considérable et les résultats sont influencés par deux causes que l'on ne peut isoler l'une de l'autre.

Les expériences en grand ont généralement échoué, parce qu'elles embrassaient un champ trop vaste, qu'il fallait parcourir sans être guidé par des connaissances théoriques suffisantes, et par des travaux préparatoires sur une petite échelle. — Les premières de cette sorte ont eu lieu à bord de l'*Archimède*, au compte de la compagnie anglaise du Great-Britain, et sous la direction d'ingénieurs distingués. Les résultats qu'elles ont donnés ont paru si peu satisfaisants que l'on a jugé convenable de les laisser ignorer au public.

Le petit navire à vapeur l'*Oise*, de vingt à trente chevaux, a expérimenté aussi, aux frais du gouvernement français, des vis de différentes formes; mais les mêmes motifs qui avaient arrêté la publication des expériences de l'*Archimède* ont engagé à laisser celles de l'*Oise* dans l'obscurité.

Les essais du *Rattler* qui se poursuivent maintenant en Angleterre, ne promettent pas de jeter un plus grand jour sur la question. Lorsque l'on aura choisi parmi les propulseurs Smith, Rennie, Steinman, Sunderland, etc..., celui qui aura donné au *Rattler* la plus grande vitesse, on ne sera nullement en droit d'en conclure que le même propulseur conviendra également à un autre navire et à une autre machine. — Pour tirer une déduction logique de ces expériences, il faut pouvoir évaluer l'influence de chacune des dimensions de la vis, et il y a lieu de douter que le *Rattler* puisse nous fournir là dessus des données certaines.

Enfin, si l'on considère le *Napoléon* comme un navire d'expérience, on le voit débuter en donnant dix-sept tours avec une machine dont la force entière n'est développée que par vingt-sept tours; et après qu'il a essayé pendant deux ans des propulseurs de différentes sortes, on voit sa vitesse réduite de dix nœuds à neuf nœuds et demi, et sa machine ne donnant plus que vingt-quatre tours et demi, sans que l'on puisse avec certitude indiquer les causes de l'accélération ou la diminution de la vitesse du navire et de la vis.

La nécessité d'une théorie de propulseurs sous-marins m'a paru si évidente qu'elle m'a fait surmonter une défiance bien naturelle de mes propres forces. J'ai cru que quelques idées justes feraient oublier des incorrections de style, et qu'un travail consciencieux, dont la publication exigeait des sacrifices de plus d'une sorte, trouverait au moins de l'indulgence chez le petit nombre de ses lecteurs.

J'ai compté aussi sur les sympathies de mes collègues, de mes amis. Les encouragements flatteurs que j'ai reçu de plusieurs d'entre eux m'ont fait contracter des obligations, dont je ne puis mieux m'acquitter qu'en cherchant à hâter de mes faibles efforts les progrès d'un genre de navigation auquel est attaché l'avenir de notre marine.

PREMIÈRE PARTIE.

RECHERCHES EXPÉRIMENTALES.

NATURE DES EXPÉRIENCES.

Les dimensions de la yole en fer qui a servi aux expériences sont les suivantes :

Longueur de perpendiculaire en perpendiculaire. . . . $= 8^m,005$
Largeur au maître bau, hors tôle . . . . $= 1 \quad 550$
Creux. . . . . $= 0 \quad 875$

Tirant d'eau des expériences . . . . $\begin{cases} \text{AR} & = 0 \quad 55 \\ \text{AV} & = 0 \quad 44 \\ \text{moyen.} & = 0 \quad 48 \end{cases}$

Surface immergée du maître couple, à ce tirant d'eau. $= 0 \quad 60$

La yole portait six personnes, trois gueuses de cinquante kilogrammes, deux avirons et une gaffe. Quatre matelots placés au centre faisaient tourner les manivelles qui transmettaient la force motrice au propulseur. Deux personnes placées dans la chambre comptaient, l'une le nombre de tours de manivelles décrits depuis le départ jusqu'à l'arrivée, l'autre l'intervalle de temps qui séparait le moment du départ du moment de l'arrivée.

Le propulseur était adapté à un manchon, tantôt en fer, tantôt en cuivre, qui s'enchâssait sur un arbre en fer traversant l'étambot, et recevant le mouvement des manivelles au centre du canot. — Le manchon, libre à glissement sur cet arbre, se fixait par une vis de pression.

L'arbre était muni, dans l'intérieur du canot, d'un pignon à quatorze dents sur lequel agissait une roue à quarante-quatre dents; un autre jeu semblable de pignon et de roue augmentait encore la vitesse du propulseur dans le même rapport; de sorte qu'un tour complet de manivelle correspondait à un nombre de tours d'hélice égal à $\left(\frac{44}{14}\right)^2 = 9,88.$

Les expériences ont été faites sur deux bases.

Première base. — On a planté sur une digue en ligne droite, deux jalons séparés par une distance de cent mètres mesurés exactement. La yole cheminait dans un alignement parallèle à cette base, à la distance de cinq ou six mètres, et les points de départ et d'arrivée étaient déterminés par l'alignement de chacun des deux jalons avec un point convenablement choisi, dans une direction perpendiculaire à celle de la base. La digue abritait du courant, tant qu'elle n'était pas en entier couverte par les eaux de la rivière; mais les crues d'automne ont forcé d'abandonner ce lieu d'expériences et de déterminer une autre base.

Deuxième base. — Deux palissades A et B (*fig.* 1), ont servi de jalons et ont donné les directions perpendiculaires à la rive et à la base. De A en B on a mesuré 65^m,50 avec la plus grande exactitude. On a mesuré également les angles de 91° et 98°, formés par les directions des palissades et celle de la base à terre, et les distances de 9^m,00 et 11^m,8 comprises entre les extrémités de la base à terre et les points de départ et d'arrivée du canot. (Ces points étant déterminés par l'intersection de l'alignement suivi et de la direction de chacune des palissades.) Les calculs faits avec ces données ont déterminé la longueur du chemin parcouru, qui a été trouvé de soixante-sept mètres.

Le courant a été constamment très-faible dans cette partie de la rivière que l'on avait choisie.

Pour s'assurer que les observations faites sur les deux bases étaient comparables, on a choisi une vis D′ qui avait donné sur la première base des résultats concordant entre eux, et on l'a expérimentée sur la seconde base.

Le recul moyen obtenu dans le premier cas a été de 0,387, et la seconde observation a donné 0,394. On en a conclu que les résultats fournis par les deux bases s'accordaient entre eux, et cette conclusion a été corroborée par un grand nombre d'autres expériences.

Il est arrivé quelquefois que les vis expérimentées sur la première base ont donné des résultats douteux, par suite de défauts dans leur construction ou parce que la brise avait soufflé pendant les expériences. On les a recommencées alors sur la seconde base, après avoir fait les rectifications convenables, et on a adopté ces derniers résultats obtenus dans une eau tranquille, toutes les fois qu'il y a eu des différences sensibles. — On a pris une moyenne lorsque les différences ont été assez faibles pour être attribuées uniquement au défaut de précision inhérent à ce genre d'observations.

Les vis de la première et de la sixième série étaient en cuivre battu très-mince; celles de la seconde, de la troisième, de la quatrième et de la cinquième série, étaient en fer-blanc et garnies de deux cercles en fil de fer à leur pourtour extérieur. Les rayons de leurs tambours, en cuivre assez épais, ont dû nécessairement augmenter le recul; mais ils n'ont pas influé sur les valeurs relatives des résultats obtenus pour chacune des vis de la même série.

Les vis à génératrice et à directrice courbe étaient en zinc, et battues sur un modèle en bois.

Les vis pleines ou peu évidées et d'un faible pas ont offert de grandes difficultés d'exécution, mais leur inexactitude même a fourni dans certains cas des renseignements utiles. On les a essayées sur les deux faces, en notant avec soin la courbure de la directrice développée, et on les a rectifiées ensuite. La génératrice était toujours suffisamment droite, et l'on est du reste porté à croire que la courbure de la génératrice n'a qu'une très-faible influence sur le recul.

On a observé que lorsque la vitesse de rotation des manivelles atteignait un demi-tour par seconde, la yole éprouvait un balancement de roulis qui augmentait la résistance et le recul; et cette différence a été trouvée de près de deux centièmes pour la vis C. Il y aura lieu d'en tenir compte pour les vis d'un faible pas et dont la vitesse de rotation dépassait cinq tours par seconde.

Après un service de plusieurs mois, les engrenages se sont usés de manière à absorber une plus grande partie de la force motrice; aussi les vitesses obtenues au moyen des mêmes vis sont-elles beaucoup plus fortes à l'époque où les expériences ont été commencées que lorsqu'elles ont touché à leur terme. Le recul n'a pas été affecté d'une manière sensible par cette diminution de la force motrice.

Afin de déterminer la résistance de la yole dans une eau calme, on a fait les observations suivantes :

1° Un canot bien armé a parcouru une distance de cent mètres dans les deux sens et avec une vitesse uniforme. Sa vitesse absolue a été trouvée de $2^m,5$ en remontant le courant, et de $2^m,7$ en descendant. On en a conclu l'existence d'un courant descendant de $0^m,1$ par seconde.

Le même canot a mis à la voile, par une jolie brise ronde et soufflant d'amont; il portait sa misaine et remorquait la yole d'expérience à son tirant-d'eau normal. — Un dynamomètre très-sensible transmettait à cette yole l'effort du cordage de remorque. Pendant que la distance de cent mètres a été parcourue en descendant avec une vitesse absolue de $1^m,16$, le dynamomètre a indiqué une tension moyenne de sept kilogrammes. On en a conclu que pour une vitesse relative d'un mètre par seconde, la résistance de la yole devait être égale à $\dfrac{7 \text{ kilogrammes}}{(1,16 - 0,10)^2} = 6^k,25$.

On a mis de nouveau à la voile sous la misaine et la grande voile, et on a répété la même expérience. On a trouvé une résistance moyenne de douze kilogrammes pour une vitesse absolue de $1^m,62$ par seconde, d'où il résultait que la résistance de la yole, pour une vitesse relative d'un mètre par seconde devait être égale à $\dfrac{12^k}{(1,52)^2} = 5^k,20$.

La moyenne de ces deux résultats est égale à $5^k,725$.

La yole était amarrée à une assez grande distance à l'arrière du canot, pour que l'influence du remou de celui-ci ne fut pas sensible. — Le cordage de remorque était d'une extrême légèreté.

2° On a mouillé un canot au milieu du courant de la Loire, et la yole a été amarrée à quelque distance, sur l'arrière de ce canot.

La tension de l'amarre était encore transmise à la yole par un dynamomètre. On a jeté le loch avec beaucoup de soin, en remplaçant le bateau de loch ordinaire par une pièce de bois presque entièrement plongée. Pendant ce temps le dynamomètre a indiqué une tension de $3^k,25$. La vitesse du courant a été trouvée par le loch de 2,233 pieds ou de $0^m,722$ par seconde. La résistance pour un mètre de vitesse serait donc égale à $\dfrac{3^k,25}{(0,722)^2} = 6^k,25$.

Malgré les observations consignées dans la *Mécanique industrielle de M. Poncelet*, nous ne pouvons admettre que le coefficient de résistance varie, la vitesse relative restant la même, suivant que le mouvement absolu appartient au corps flottant ou au milieu dans lequel il est plongé.

Nous adopterons donc dans nos calculs, pour valeur de la résistance de la yole correspondant à une vitesse d'un mètre par seconde, la moyenne $6^k,00$ entre les résultats des deux observations de différente espèce.

DÉFINITIONS ET NOTATIONS.

L'*hélice* est une ligne tracée sur un cylindre droit à base circulaire, et dont tous les éléments font le même angle avec les genératrices de ce cylindre.

L'*héliçoïde* est une surface gauche dont la génératrice est une ligne s'appuyant sur l'axe du cylindre et sur une hélice, et restant toujours dans un plan parallèle à un plan donné. Nous supposerons toujours ce plan directeur perpendiculaire à l'axe du cylindre.

La directrice de l'héliçoïde est l'hélice. — La génératrice peut être une ligne droite ou une ligne courbe. — En même temps que le cylindre sur lequel est tracé l'hélice se développe sur un plan, l'hélice se développe suivant une ligne droite. — Si on trace sur ce plan une ligne courbe, et qu'après l'avoir enroulée sur le cylindre on la choisisse pour directrice de la surface gauche, on aura une autre espèce d'héliçoïde que nous appelerons héliçoïde à directrice courbe, en même temps que nous appelerons héliçoïde à directrice droite ou hélicoïde régulier celui dont la directrice est une hélice.

Le *pas* d'un héliçoïde régulier est la distance entre les deux points d'intersection d'une génératrice du cylindre et de la directrice de l'héliçoïde; distance mesurée sur la génératrice elle-même. — Dans le développement, le pas de l'héliçoïde est la hauteur AC d'un triangle rectangle ABC (*fig.* 2), dont la base est la circonférence de la base du cylindre, et dont l'hypothénuse est l'hélice directrice BC. La connaissance de la hauteur du pas et de la circonférence du cylindre suffit donc pour obtenir la valeur de l'angle ABC, formé par la directrice et la base du cylindre, complément de l'angle formé par cette directrice et la génératrice du cylindre.

On peut étendre à l'héliçoïde à directrice courbe, la définition que nous avons donnée du pas de l'héliçoïde régulier; mais il est évident que dans cette première surface, chaque élément de la directrice fait un angle différent avec la circonférence de la base. Chacun des éléments de l'héliçoïde à directrice courbe fait partie d'un héliçoïde régulier de pas différent, et de là est venue cette manière d'exprimer l'emploi d'une directrice courbe en disant que l'*héliçoïde a une avance de pas.*

Nous donnerons plus particulièrement le nom de *vis* à l'héliçoïde employé comme propulseur, terminé non plus à l'axe mathématique de la surface et du cylindre, mais à un cylindre intérieur dont la dimension varie, et divisé en un nombre quelconque de branches rapportées parallèlement à elles-mêmes sur une même portion du cylindre.

Nous appelerons diamètre intérieur ou extérieur de la vis, le diamètre du cylindre qui la limite intérieurement ou extérieurement.

Enfin, dans le cours de ces expériences et de ces recherches, nous adopterons les notations suivantes :

T = temps écoulé entre le départ et l'arrivée de la yole, en allant.

T' =   *idem*   en revenant.

v = vitesse absolue de la yole, en allant $= \dfrac{67^{m}}{T}$ ou $\dfrac{100^{m}}{T}$

v' =   *idem*   en revenant $= \dfrac{67^{m}}{T'}$ ou $\dfrac{100^{m}}{T'}$

H = longueur du pas de la vis.

N = nombre de tours de manivelles décrits, en allant.

N′ =   *idem*   en revenant.

V = vitesse théorique, en allant $\mathrm{H} \times \dfrac{\mathrm{N} \times 9{,}88}{\mathrm{T}}$ $\Bigg\}$ Nous entendons par vitesse théorique le nombre de tours de

V′ =   *idem*   en revenant $\mathrm{H} \times \dfrac{\mathrm{N}' \times 9{,}88}{\mathrm{T}'}$ la vis par seconde, multiplié par la longueur du pas.

$v_{\scriptscriptstyle 1}$ = vitesse absolue moyenne $= \dfrac{v + v'}{2}$

$V_{\scriptscriptstyle 1}$ = vitesse théorique moyenne $= \dfrac{V + V'}{2}$

E = perte de vitesse $= V_{\scriptscriptstyle 1} - v_{\scriptscriptstyle 1}$

ρ = recul, égal au rapport de la perte de vitesse à la vitesse théorique moyenne $= \dfrac{E}{V_{\scriptscriptstyle 1}}$

n = nombre moyen de tours de vis par seconde.

D = diamètre extérieur de la vis.

d = diamètre intérieur de la vis.

h = longueur du tambour ou longueur de l'axe de la partie du cylindre sur laquelle les branches
     ont été rapportées.

M = nombre de branches nécessaire pour former un héliçoïde à pas complet (c'est-à-dire
     un héliçoïde dont l'axe aurait pour longueur la longueur même du pas) $= \dfrac{\mathrm{H}}{h}$

M′ = nombre de branches employées pour former la vis.

θ = complément de l'angle formé par la génératrice du cylindre extérieur avec la directrice de
     l'héliçoïde.

θ′ = complément de l'angle formé par la génératrice du cylindre intérieur avec l'hélice tracée sur
     ce cylindre par la surface de l'héliçoïde.

A = aire totale de l'héliçoïde projetée sur un plan perpendiculaire à l'axe.

I = rapport de la longueur du pas à celle du diamètre extérieur de la vis $= \dfrac{\mathrm{H}}{\mathrm{D}}$

Dans les expériences faites sur la première base, le temps est exprimé en minutes et secondes, et dans les expériences faites sur la seconde base, il est exprimé uniquement en secondes.

Les vis pleines sont celles dont le diamètre intérieur est réduit aux plus faibles dimensions nécessaires à la solidité de la vis; les vis évidées sont celles dont le diamètre intérieur a été augmenté par suite de la réduction de surface opérée sur les parties propulsantes voisines de l'axe, dans le but de diminuer le frottement au centre en augmentant l'énergie de l'action des parties extérieures.

PREMIÈRE SÉRIE. — VIS PLEINES.

VIS A ET SES MODIFICATIONS.

H = 0ᵐ,50   h = 0ᵐ,10   m = 5
D = 0ᵐ,40   d = 0ᵐ,075   A = 1212 centimètres carrés.
I = 1, 25   θ = 21°42'   θ' = 64°45'

OBSERVATIONS.	T	v	T'	v'	N	V	N'	V'	v_1	V_1	E	ρ
20 SEPTEMBRE 1844. Vis A, première face.	0ᵐ 55ˢ	1ᵐ 818	0ᵐ 58ˢ	1ᵐ 724	28 00	2ᵐ 515	30 50	2ᵐ 597	1ᵐ 771	2ᵐ 546	0ᵐ 775	0,304
	0 54	1 851	1 2	1 613	27 00	2 470	31 50	2 510	1 732	2 490	0 758	0,304
moyennes.					n = 5	046			1ᵐ 751			0.304
6 DÉCEMBRE. Vis A, première face.	46ˢ	1 456	46ˢ	1 456	19 50	2 094	18 50	1 986	1 456	2 040	0 584	0,286
	51	1 313	50	1 340	19 25	1 864	18 00	1 778	1 326	1 821	0 495	0,272
					n = 3	862			1 388			0,279
Vis A, deuxième face.	45	1 488	46	1 456	17 50	1 921	18 00	1 933	1 472	1 927	0 455	0,236
	48	1 396	48	1 396	18 50	1 903	18 00	1 852	1 396	1 877	0 481	0,256
					n = 3	805			1 434			0,246
28 SEPTEMBRE. Vis A_1, ou vis A à quatre branches également espacées. Première face.	0 52	1 923	0 53	1 886	30 00	2 850	29 00	2 703	1 904	2 776	0 872	0,314
	1 1	1 639	0 50	2 000	31 00	2 510	27 50	2 717	1 819	2 613	0 794	0,303
	0 58	1 724	0 53	1 886	31 00	2 640	28 00	2 609	1 805	2 624	0 819	0,312
					n = 5	343			1 843			0,310
31 OCTOBRE. Vis A_1, première face.	38	1 763	41	1 634	21 00	2 730	20 00	2 409	1 698	2 569	0 871	0,339
	33	2 030	33	2 030	21 .25	3 181	19 00	2 844	2 030	3 012	0 982	0,326
	36	1 861	36	1 861	20 25	2 812	19 00	2 607	1 861	2 709	0 848	0,312
					n = 5	528			1 863			0,325
Vis A_2, ou vis A_1 dont on a enlevé une branche. Trépidations très-fortes.	39	1 696	41	1 634	22 00	2 751	21 00	2 530	1 666	2 640	0 974	0,369
	42	1 595	41	1 634	22 00	2 587	21 00	2 530	1 614	2 558	0 944	0,369
					n = 5	200			1 640			0,369
Vis A_2, ou vis A_1 à trois branches également espacées. Première face. Trépidations presque insensibles.	40	1 675	37	1 811	21 00	2 593	20 00	2 670	1 743	2 631	0 888	0,337
	44	1 522	39	1 718	21 00	2 357	19 00	2 406	1 620	2 382	0 762	0,349
	42	1 595	36	1 861	21 50	2 528	19 50	2 675	1 728	2 601	0 873	0,335
					n = 5	077			1 697			0,330
Vis A_3, ou vis A réduite à deux branches directement opposées. 1ʳᵉ face. Légères trépidations.	44	1 505	34	1 971	24 00	2 664	20 50	2 978	1 738	2 821	1 083	0,383
	40	1 675	38	1 763	23 00	2 840	21 00	2 730	1 694	2 785	1 091	0,392
					n = 5	606			1 716			0,387
Vis A_4, ou vis A réduite à une branche. Première face. Trépidations très-fortes.	44	1 522	37	1 811	26 00	2 919	24 00	3 204	1 666	3 061	1 395	0,455
	41	1 634	40	1 675	25 50	3 072	24 00	2 964	1 655	3 018	1 363	0,451
					n = 6	080			1 660			0,453

RECHERCHES EXPÉRIMENTALES.

VIS B ET SES MODIFICATIONS.	
$H = 0^m,70 \quad h = 0^m,10 \quad m = 7$	
$D = 0^m,40 \quad d = 0^m,075 \quad A = 1212$ centimètres carrés.	
$l = 1,75 \quad \theta = 29°7' \quad \theta' = 72°11'$	

OBSERVATIONS.	T	v	T'	v'	N	V	N'	V'	v_1	V_1	E	ρ
30 SEPTEMBRE. Vis B, première face.	$1^m 7^s$	$1^m 492$	$0^m 52^s$	$1^m 923$	23,00	$2^m 374$	21,00	$2^m 793$	$1^m 707$	$2^m 583$	$0^m 876$	0,339
	1 1	1 639	0 58	1 724	22,75	2 614	21,00	2 504	1 681	2 557	0 876	0,342
	1 5	1 538	1 3	1 537	23,00	2 447	21,00	2 305	1 562	2 376	0 814	0,342
moyennes.					n = 3,580				$1^m 650$			0,341
29 ET 30 OCTOBRE. Vis B, seconde face.	39^s	1 718	39^s	1 718	15,25	2 704	15,25	2 704	1 718	2 704	0 986	0,364
	38	1 763	37	1 811	15,50	2 821	15,00	2 803	1 787	2 812	1 025	0,364
					n = 3,940				1 753			0,364
Vis B_1, ou la vis B dont on a enlevé une branche.	39	1 718	36	1 836	15,50	2 748	15,00	2 842	1 777	2 795	1 018	0,364
	39	1 718	38	1 763	15,75	2 793	15,00	2 730	1 740	2 761	1 021	0,369
					n = 3,969				1 758			0,366
Vis B_2, ou la vis B dont on a enlevé deux branches contiguës.	39	1 718	38	1 763	15,50	2 748	16,00	2 912	1 740	2 830	1 090	0,385
	42	1 595	39	1 718	17,00	2 799	15,00	2 660	1 656	2 729	1 073	0,393
	39	1 718	41	1 634	16,00	2 837	15,00	2 529	1 676	2 683	1 007	0,375
					n = 3,806				1 691			0,384
Vis B_3, ou la vis B dont on a enlevé trois branches contiguës.	45	1 472	39	1 718	16,75	2 546	16,00	2 837	1 595	2 691	1 006	0,407
	43	1 558	39	1 718	16,00	2 573	15,00	2 660	1 638	2 616	0 978	0,374
	45	1 472	44	1 505	16,50	2 507	15,50	2 447	1 488	2 477	0 989	0,399
					n = 3,707				1 574			0,393
Vis B_4, ou la vis B dont on a enlevé quatre branches consécutives. Trépidations sensibles.	40	1 675	40	1 675	17,00	2 939	17,00	2 939	1 675	2 939	1 264	0,430
	42	1 577	41	1 634	17,25	2 807	17,00	2 867	1 595	2 837	1 242	0,437
					n = 4,126				1 635			0,433
Vis B_5, ou la vis B dont on a enlevé cinq branches contiguës. Fortes trépidations.	48	1 396	44	1 522	20,00	2 881	18,00	2 829	1 455	2 855	1 400	0,490
	52	1 276	44	1 522	21,00	2 766	19,00	2 986	1 399	2 876	1 477	0,513
	47	1 411	44	1 505	20,00	2 912	19,00	2 953	1 458	2 932	1 474	0,502
					n = 4,125				1 438			0,502
Vis B_6, formée d'une seule branche. Trépidations très-fortes.	49	1 353	43	1 540	22,00	3 074	19,00	3 020	1 446	3 047	1 601	0,525
	51	1 313	45	1 488	22,25	3 017	20,00	3 074	1 400	3 045	1 645	0,540
	51	1 313	44	1 522	22,00	2 983	19,00	2 986	1 417	2 985	1 568	0,525
					n = 4,322				1 421			0,530
30 OCTOBRE. Vis B_7, ou la vis B réduite à deux branches. Directement opposées. Légères trépidations.	43	1 558	40	1 675	19,00	3 055	17,00	2 939	1 616	2 997	1 381	0,461
	44	1 522	42	1 595	18,00	2 829	17,50	2 881	1 558	2 855	1 297	0,454
	45	1 488	43	1 558	19,00	2 920	17,00	2 734	1 523	2 827	1 304	0,461
					n = 4,133				1 566			0,459
Vis B_8, ou la vis B réduite à trois branches également espacées.	44	1 522	41	1 634	17,50	2 750	16,00	2 698	1 578	2 724	1 146	0,421
	44	1 505	43	1 558	17,25	2 680	16,00	2 573	1 531	2 626	1 093	0,417
	44	1 522	40	1 654	17,50	2 750	16,00	2 732	1 588	2 741	1 153	0,421
					n = 3,854				1 566			0,418
26 SEPTEMBRE. Vis B_9, ou la vis B formée de quatre branches également espacées.	1 1	1 639	0 56	1 785	24,25	2 749	23,00	2 840	1 712	2 794	1 082	0,387
	1 4	1 562	0 58	1 724	24,00	2 593	23,00	2 743	1 643	2 668	1 025	0,384
	1 7	1 492	0 58	1 724	25,25	2 606	22,00	2 623	1 608	2 615	1 007	0,385
30 OCTOBRE.	45	1 488	38	1 763	16,00	2 458	15,00	2 730	1 625	2 594	0 909	0,373
	41	1 614	41	1 634	16,00	2 666	15,00	2 530	1 624	2 598	0 974	0,375
					n = 3,791				1 642			0,381

Suite de la vis B et de ses modifications.

OBSERVATIONS.	T	v	T′	v′	N	V	N′	V′	v₁	V₁	E	ρ
Vis B_2, ou la vis B à cinq branches également espacées.	40s	1m 675	38s	1m 763	15,75	2m 723	15,00	2m 730	1m 719	2m 726	1m 007	0,369
	42	1 595	37	1 811	16,00	2 635	15,00	2 803	1 703	2 719	1 016	0,373
moyennes.						n = 3,890				1 711		0,371
Vis B_1, ou la vis B à six branches également espacées.	41	1 634	39	1 718	16,00	2 698	15,00	2 660	1 676	2 679	1 003	0,374
	42	1 595	39	1 718	15,25	2 511	15,00	2 660	1 606	2 585	0 979	0,378
	42	1 595	41	1 634	15,00	2 470	15,25	2 572	1 614	2 521	0 907	0,359
						n = 3,708				1 632		0,370
Vis B, seconde face.	40	1 654	34	1 942	15,50	2 647	14,50	2 906	1 798	2 776	0 978	0,352
	38	1 763	35	1 887	16,00	2 912	15,00	2 924	1 825	2 918	1 093	0,374
	40	1 675	36	1 861	16,00	2 766	14,00	2 689	1 768	2 727	0 959	0,351
						n = 4,010				1 797		0,359
5 NOVEMBRE. Vis B_7, ou la vis B ayant ses génératrices tangentes à un cylindre, et présentant l'angle obtus du côté du choc *.	40	1 675	40	1 675	13,00	2 333	13,00	2 248	1 675	2 290	0 615	0,268
	43	1 558	39	1 718	13,00	2 091	13,00	2 305	1 638	2 198	0 560	0,254
	44	1 522	39	1 718	13,25	2 082	13,00	2 305	1 620	2 193	0 573	0,261
						n = 3,182				1 644		0,261
Vis B_8, ou la vis B ayant ses génératrices obliques comme B_7, mais présentant l'angle aigu au choc. La directrice est la même que pour B_7.	48	1 396	41	1 634	15,00	2 161	13,50	2 277	1 515	2 219	0 704	0,317
	46	1 456	42	1 595	14,75	2 218	13,25	2 182	1 525	2 200	0 675	0,307
	47	1 425	39	1 718	14,50	2 134	13,25	2 350	1 571	2 242	0 671	0,299
						n = 3,171				1 537		0,308

VIS C ET SES MODIFICATIONS.		
H = 0m,440	h = 0m,088	m = 5
D = 0m,346	d = 0m,075	A = 896 centimètres carrés.
I = 1,27	θ = 22° 2′	θ′ = 61°49′

OBSERVATIONS.	T	v	T′	v′	N	V	N′	V′	v₁	V₁	E	ρ
20 SEPTEMBRE. Vis C_1, ou la vis C dont la directrice est courbe **. Première face, ou la face concave se présentant au choc du liquide.	1m 8s	1m 470	0m 50s	2m 000	34,50	2m 206	29,50	2m 565	1m 735	2m 386	0m 651	0,273
	0 55	1 818	0 52	1 923	33,00	2 608	27,50	2 299	1 870	2 454	0 584	0,238
	1 9	1 449	0 57	1 739	32,50	2 047	28,50	2 155	1 594	2 101	0 507	0,241
moyennes.						n = 5,258				1 733		0,251
19 OCTOBRE. Vis C_1, deuxième face, ou la face convexe se présentant au choc du liquide.	48s	1 396	42s	1 595	30,75	2 785	27,00	2 794	1 496	2 790	1 294	0,464
	44	1 505	44	1 522	29,00	2 833	27,00	2 668	1 513	2 750	1 237	0,450
	46	1 456	43	1 558	28,50	2 693	27,50	2 780	1 507	2 736	1 229	0,449
						n = 6,270				1 505		0,454
19 OCTOBRE. Vis C_1, première face.	34	1 976	32	2 094	22,50	2 877	21,00	2 852	2 035	2 864	0 829	0,289
	37	1 811	35	1 914	21,25	2 497	21,25	2 639	1 862	2 547	0 685	0,269
	40	1 675	36	1 836	21,50	2 336	20,00	2 382	1 755	2 360	0 615	0,261
						n = 5,902				1 884		0,273
19 OCTOBRE. Vis C_1, deuxième face.	53	1 264	46	1 456	29,75	2 440	26,25	2 471	1 360	2 455	1 095	0,446
	65	1 031	53	1 264	31,75	1 930	28,00	2 296	1 147	2 113	0 966	0,457
	60	1 116	58	1 156	31,00	2 245	28,25	2 117	1 136	2 181	1 045	0,479
						n = 5,187				1 214		0,460

* La directrice est courbe et la flèche de son développement est d'un millimètre.

** Voir (*fig.* 4), et la note ci-après.

Suite de la vis C et de ses modifications.

OBSERVATIONS.	T	v	T′	v′	N	V	N′	V′	v_1	V_1	E	ρ
24 OCTOBRE. Vis C₁, enveloppée par un tambour en cuivre mince et mobile avec elle. Deuxième face.	50ˢ	1ᵐ 340	40ˢ	1ᵐ 675	33,00	2ᵐ 869	27,00	2ᵐ 934	1ᵐ 507	2ᵐ 901	1ᵐ 394	0,480
	53	1 252	43	1 558	33,00	2 681	26,00	2 628	1 405	2 654	1 249	0,470
moyennes.					n = 6,319				1 456			0,475
Même Vis C₁, sans tambour. Deuxième face.	43	1 558	34	1 971	33,00	3 336	25,00	3 174	1 764	3 255	1 491	0,458
	37	1 787	33	2 030	30,50	3 535	25,00	3 293	1 908	3 414	1 506	0,441
					n = 7,592				1 836			0,450
1ᵉʳ NOVEMBRE. Vis C₂, ou la vis C₁ rectifiée, et dont la directrice n'a plus qu'une courbure inappréciable. Première face.	36	1 836	33	2 030	23,00	2 740	21,00	2 766	1 933	2 753	0 820	0,297
	33	2 030	31	2 161	23,50	3 096	21,00	2 945	2 095	3 020	0 925	0,306
	34	1 971	30	2 233	23,75	2 760	21,00	3 043	2 102	2 902	0 800	0,275
					n = 6,676				2 043			0,293
1ᵉʳ NOVEMBRE. Vis C₂, deuxième face.	34	1 971	35	1 914	25,00	3 196	25,00	3 105	1 942	3 150	1 208	0,383
	36	1 861	36	1 861	25,00	3 019	25,00	3 018	1 861	3 018	1 157	0,383
	37	1 787	40	1 675	26,00	3 014	25,00	2 717	1 730	2 865	1 135	0,396
					n = 6,845				1 844			0,387
Vis C₂, enveloppée d'un tambour en cuivre mince, mobile avec elle. Deuxième face.	40	1 654	41	1 634	27,00	2 897	26,00	2 757	1 644	2 827	1 183	0,418
	44	1 505	45	1 488	27,00	2 637	27,00	2 608	1 497	2 622	1 125	0,429
					n = 6,193				1 570			0,423
14 JANVIER. Vis C rectifiée. Première face.	45	1 488	46	1 456	23,00	2 222	22,00	2 079	1 472	2 150	0 678	0,315
	45	1 488	42	1 595	22,75	2 198	21,50	2 225	1 540	2 211	0 671	0,303
	45	1 488	46	1 456	22,50	2 174	21,75	2 055	1 472	2 114	0 642	0,304
					n = 4,906				1 495			0,307
Vis C₂ rectifiée. Deuxième face.	46	1 456	47	1 410	21,50	2 079	22,00	2 013	1 433	2 046	0 613	0,300
	46	1 456	49	1 367	22,25	2 103	23,50	2 085	1 412	2 095	0 683	0,326
	48	1 395	55	1 218	22,25	2 015	24,50	1 936	1 306	1 975	0 669	0,338
					n = 4,633				1 384			0,321

Pour déterminer approximativement la courbure de chacune des branches de la vis C_1, on a mesuré la hauteur du milieu de chacune des directrices au-dessus du plan perpendiculaire à l'axe, et passant par l'extrémité postérieure lors que l'on expérimentait sur la première face, c'est-à-dire lorsque le liquide choquait la face concave. (On entend ici par milieu de la directrice de l'héliçoïde, le point d'intersection de cette directrice avec la génératrice du cylindre enveloppant, équidistante des génératrices passant par les extrémités de la directrice.)

On a trouvé pour ces hauteurs :

1ʳᵉ branche.	2ᵐᵉ branche.	3ᵐᵉ branche.	4ᵐᵉ branche.	5ᵐᵉ branche.
0ᵐ,0575	0ᵐ,057	0ᵐ,056	0ᵐ,058	0ᵐ,060

La figure 4 représente le développement de la directrice de la première branche dont la courbure était d'une nature moyenne entre toutes les autres. On peut voir que les tangentes aux extrémités de cette courbe font avec sa corde des angles de 10° à la partie antérieure, et de 8° à la partie postérieure, lorsque l'on expérimente sur la première face. On peut voir aussi que la vis étant divisée en deux parties par un plan mené par le point milieu 0, perpendiculairement à l'axe, la partie antérieure aura 0,894, et la partie postérieure 1,646 pour valeur de I. La moyenne de ces deux valeurs est 1,27, ou le rapport qui aurait lieu si la directrice était AMB. La flèche de courbure est égale à 12 millimètres.

On observe une différence de 0,185 entre les reculs obtenus en expérimentant sur chacune des faces de C_1. Cette différence diminue à mesure que l'on redresse la directrice ; elle est de 0,094 pour C_2, et lorsque la vis C est rectifiée aussi bien que possible, elle n'est plus que de 0,014.

Nous prendrons 0,314 , moyenne des deux derniers résultats pour la valeur exacte du recul de C, et nous observerons qu'elle est un peu au-dessous de la moyenne des valeurs données par chacune des faces des vis C_1, C_2.

VIS D ET SES MODIFICATIONS.

$H = 0^m,616 \quad h = 0^m,088 \quad m = 7$
$D = 0^m,346 \quad d = 0^m,075 \quad A = 896$ centimètres carrés.
$I = 1,78 \quad \theta = 29°32' \quad \theta' = 69°4'$

OBSERVATIONS.	T	v	T'	v'	N	V	N'	V'	v_1	V_1	E	ρ
21 SEPTEMBRE. Vis D.	1m 1s	1m 639	0m 56s	1m 785	27,00	2m 694	25,50	2m 771	1m 751	2m 732	0m 981	0,359
	1 4	1 562	0 57	1 754	27,70	2 632	24,50	2 701	1 656	2 666	1 010	0,379
	1 4	1 562	0 57	1 754	26,70	2 541	24,25	2 588	1 656	2 564	0 908	0,354
moyennes.					n = 4,310				1 688			0,364
28 SEPTEMBRE. Vis D_1, ou vis D réduite à cinq branches également espacées. Première base.	1 17	1 298	1 1	1 639	29,00	2 292	25,50	2 544	1 469	2 318	0 849	0,366
	1 14	1 351	1 5	1 538	30,75	2 529	25,00	2 341	1 445	2 435	0 990	0,400
	1 12	1 389	1 9	1 449	28,25	2 387	26,00	2 293	1 419	2 340	0 921	0,395
					n = 3,893				1 444			0,387
19 OCTOBRE. Même vis D_1. Deuxième base.	42s	1 576	41s	1 634	19,00	2 720	18,00	2 672	1 605	2 696	1 091	0,404
	43	1 558	41	1 634	18,25	2 554	17,25	2 560	1 596	2 557	0 961	0,376
	45	1 472	42	1 595	18,75	2 508	18,00	2 608	1 533	2 558	0 925	0,401
					n = 4,227				1 578			0,394

DEUXIÈME SÉRIE. — VIS ÉVIDÉES.

$D = 0^m,40 \quad d = 0^m,20 \quad A = 942$ centimètres carrés.

VIS a.

$H = 0^m,50 \quad h = 0^m,10 \quad m = 5$
$I = 1,25 \quad \theta = 21°42' \quad \theta' = 38°31'$

OBSERVATIONS.	T	v	T'	v'	N	V	N'	V'	v_1	V_1	E	ρ
21 SEPTEMBRE. Vis a_1, ou la vis a dont la directrice développée a une double courbure assez légère. Première face.	1m 26s	1m 163	1m 11s	1m 408	38,50	2m 212	32,50	2m 261	1m 285	2m 236	0m 951	0,425
	1 21	1 234	1 14	1 351	38,00	2 317	34,75	2 319	1 292	2 318	1 026	0,442
	1 29	1 123	1 22	1 219	38,25	2 123	33,00	1 988	1 171	2 105	0 934	0,443
moyennes.					n = 4,407				1 249			0,437

Suite de la vis a.

OBSERVATIONS.	T	v	T′	v′	N	V	N′	V′	v₁	V₁	E	ρ
21 OCTOBRE. Vis a_1. Deuxième face.	58ˢ	1ᵐ 156	55ˢ	1ᵐ 219	27,50	2ᵐ 342	24,00	2ᵐ 156	1ᵐ 188	2ᵐ 249	1ᵐ 061	0,471
	63	1 064	55	1 219	28,25	2 215	24,25	2 178	1 142	2 197	1 055	0,480
	66	1 015	60	1 116	28,75	2 152	24,50	2 017	1 065	2 084	1 019	0,488
	74	0 905	60	1 116	29,00	1 936	24,00	1 976	1 008	1 956	0 948	0,484
	76	0 881	61	1 099	29,50	1 917	23,75	1 923	0 990	1 920	0 930	0,483
moyennes.						n = 4,162			1 079			0,481
28 OCTOBRE. Vis a_1 rectifiée, ou vis a.	62	1 081	60	1 116	26,00	2 071	24,00	1 976	1 098	2 023	0 925	0,457
	59	1 136	58	1 156	25,00	2 093	24,00	2 044	1 146	2 069	0 923	0,446
	62	1 081	58	1 156	25,00	1 932	24,00	2 044	1 118	2 018	0 900	0,445
						n = 4,073			1 121			0,449

VIS $b.$ $\begin{cases} H = 0^m,70 \quad h = 0^m,10 \quad m = 7 \\ I = 1,75 \quad \theta = 29°7' \quad \theta' = 48°6' \end{cases}$

OBSERVATIONS.	T	v	T′	v′	N	V	N′	V′	v₁	V₁	E	ρ
21 SEPTEMBRE. Vis b.	1ᵐ 20ˢ	1ᵐ 250	1ᵐ 10ˢ	1ᵐ 428	28,00	2ᵐ 420	25,50	2ᵐ 519	1ᵐ 339	2ᵐ 469	1ᵐ 130	0,457
	1 18	1 281	1 11	1 408	28,50	2 527	24,25	2 360	1 344	2 443	1 099	0,450
	1 18	1 281	1 10	1 413	28,00	2 483	24,50	2 403	1 350	2 443	1 093	0,447
moyennes.						n = 3,503			1 344			0,451
21 OCTOBRE. Vis b.	61ˢ	1 099	53ˢ	1 264	19,00	2 154	16,50	2 153	1 181	2 153	0 972	0,451
	64	1 038	56	1 196	19,25	2 064	17,25	2 130	1 117	2 097	0 980	0,467
	70	0 957	56	1 186	19,50	1 926	16,25	1 989	1 114	1 957	0 843	0,431
						n = 2,956			1 137			0,449

VIS $c.$ $\begin{cases} H = 1^m,00 \quad h = 0^m,10 \quad m = 10 \\ I = 2,50 \quad \theta = 38°34' \quad \theta' = 57°52' \end{cases}$

OBSERVATIONS.	T	v	T′	v′	N	V	N′	V′	v₁	V₁	E	ρ
22 SEPTEMBRE. Vis c.	1ᵐ 32ˢ	1ᵐ 087	1ᵐ 16ˢ	1ᵐ 315	24,25	2ᵐ 604	20,00	2ᵐ 600	1ᵐ 201	2ᵐ 602	1ᵐ 401	0,538
	1 30	1 111	1 20	1 250	24,50	2 695	20,50	2 532	1 180	2 613	1 433	0,548
	1 31	1 098	1 19	1 265	25,75	2 689	20,50	2 564	1 181	2 626	1 445	0,550
moyennes.						n = 2 614			1 187			0,545
21 OCTOBRE. Vis c.	57ˢ	1 176	53ˢ	1 264	15,00	2 600	13,50	2 516	1 220	2 558	1 338	0,523
	65	1 031	55	1 219	15,50	2 356	13,50	2 423	1 125	2 389	1 264	0,529
						n = 2,474			1 172			0,526

VIS d. $\begin{cases} H = 0^m,70 \quad h = 0^m,05 \quad m = 14 \\ I = 1,75 \quad\quad \theta = 29°7' \quad\quad \theta' = 48°6' \end{cases}$

OBSERVATIONS.	T	v	T'	v'	N	V	N'	V'	v₁	V₁	E	ρ
23 SEPTEMBRE. Vis d.	$1^m 18^s$	$1^m 281$	$1^m 9^s$	$1^m 449$	25,00	$2^m 216$	22,50	$2^m 256$	$1^m 365$	$2^m 236$	$0^m 871$	0,389
	1 14	1 351	1 15	1 333	24,00	2 243	22,75	2 098	1 347	2 170	0 823	0,379
	1 19	1 265	1 11	1 408	24,00	2 101	22,50	2 192	1 336	2 146	0 810	0,377
moyennes.					n = 3,120				$1^m 349$			0,382
21 OCTOBRE. Vis d.	44^s	1 522	42^s	1 595	16,00	2 483	15,50	2 552	1 559	2 517	0 958	0,380
	45	1 488	43	1 558	16,75	2 574	15,25	2 453	1 535	2 513	0 978	0,389
					n = 3,594				1 547			0,384

VIS e. $\begin{cases} H = 1^m,00 \quad h = 0^m,05 \quad m = 20 \\ I = 2,50 \quad\quad \theta = 38°31' \quad\quad \theta' = 57°52' \end{cases}$

OBSERVATIONS.	T	v	T'	v'	N	V	N'	V'	v₁	V₁	E	ρ
24 SEPTEMBRE. Vis e.	$1^m 45^s$	$0^m 953$	$1^m 41^s$	$0^m 990$	21,00	$1^m 976$	17,50	$1^m 711$	0 976	1 843	0 867	0,470
	1 48	0 925	1 39	1 010	22,25	2 020	18,00	1 796	0 962	1 908	0 946	0,495
	2 1	0 833	1 41	0 990	24,00	1 959	17,75	1 736	0 911	1 847	0 936	0,506
moyennes.					n = 1,866				0 950			0,490
21 OCTOBRE. Vis e.	58^s	1 156	50^s	1 340	14,00	2 385	12,00	2 371	1 248	2 378	1 130	0,475
	57	1 176	50	1 340	14,25	2 470	12,50	2 470	1 258	2 470	1 212	0,490
					n = 2,424				1 253			0,482

TROISIÈME SÉRIE.—VIS ÉVIDÉES.

D = $0^m,40$ d = $0^m,20$ A = 942 centimètres carrés.

VIS f. $\begin{cases} H = 0^m,29 \quad h = 0^m,058 \quad m = 5 \\ I = 0,725 \quad\quad \theta = 27°29' \quad\quad \theta' = 27°29' \end{cases}$

OBSERVATIONS.	T	v	T'	v'	N	V	N'	V'	v₁	V₁	E	ρ
20 SEPTEMBRE. Vis f.	$2^m 1^s$	$0^m 826$	$1^m 42^s$	$0^m 980$	46,50	$1^m 102$	40.00	$1^m 123$	$0^m 903$	$1^m 112$	$0^m 209$	0,188
	2 4	0 806	1 46	0 943	47,50	1 097	38,00	1 027	0 874	1 062	0 188	0,177
moyennes.					n = 3,700				0 888			0,182

$$\text{VIS } g. \begin{cases} H = 0^m,406 \quad h = 0^m,058 \quad m = 7 \\ I = 1,01 \qquad \theta = 18^\circ 45' \quad \theta' = 32^\circ 52' \end{cases}$$

OBSERVATIONS.	T	v	T'	v'	N	V	N'	V'	v_1	V_1	E	ρ
23 SEPTEMBRE. Vis g. Le courant ayant varié pendant l'expérience, les observations présentent quelques différences.	$1^m\,31^s$	$1^m\,098$	$2^m\,16^s$	$0^m\,510$	28,00	$1^m\,234$	43,00	$1^m\,268$	$0^m\,804$	$1^m\,251$	$0^m\,447$	0,357
	1 41	0 990	1 54	0 877	33,00	1 310	38,50	1 354	0 933	1 332	0 399	0,299
	1 47	0 934	1 35	1 052	36,00	1 349	30,00	1 263	0 993	1 306	0 313	0,239
moyennes.					n = 3,194				0 910			0,298
20 OCTOBRE. Vis g.	54^s	1 241	52^s	1 288	23,25	1 727	23,00	1 774	1 264	1 750	0 486	0,277
	57	1 176	55	1 219	24,25	1 706	23,25	1 695	1 198	1 700	0 502	0,295
	59	1 136	56	1 196	25,00	1 700	23,75	1 630	1 166	1 665	0 499	0,299
					n = 4,200				1 209			0,290

$$\text{VIS } h. \begin{cases} H = 0^m,580 \quad h = 0^m,058 \quad m = 10 \\ I = 1,45 \qquad \theta = 27^\circ 29' \quad \theta' = 42^\circ 43' \end{cases}$$

OBSERVATIONS.	T	v	T'	v'	N	V	N'	V'	v_1	V_1	E	ρ
23 SEPTEMBRE. Vis h.	$1^m\,28^s$	$1^m\,136$	$1^m\,22^s$	$1^m\,220$	27,50	$1^m\,790$	25,00	$1^m\,747$	$1^m\,178$	$0^m\,768$	$0^m\,590$	0,333
	1 39	1 010	1 25	1 176	28,75	1 664	26,00	1 753	1 093	1 708	0 615	0,360
	1 25	1 176	1 30	1 111	27,75	1 870	25,25	1 608	1 143	1 739	0 596	0,342
moyennes.					n = 2,998				1 138			0,345

$$\text{VIS } i. \begin{cases} H = 0^m,406 \quad h = 0^m,029 \quad m = 14 \\ I = 1,01 \qquad \theta = 18^\circ 45' \quad \theta' = 32^\circ 52' \end{cases}$$

OBSERVATIONS.	T	v	T'	v'	N	V	N'	V'	v_1	V_1	E	ρ
24 SEPTEMBRE. Vis i.	$1^m\,21^s$	$1^m\,234$	$1^m\,13^s$	$1^m\,370$	32,75	$1^m\,621$	30,50	$1^m\,676$	$1^m\,302$	$1^m\,648$	$0^m\,346$	0,210
	1 20	1 250	1 12	1 389	32,00	1 604	31,00	1 727	1 319	1 665	0 346	0,207
	1 21	1 234	1 16	1 315	32,00	1 584	29,25	1 544	1 274	1 564	0 290	0,187
moyennes.					n = 4,006				1 298			0,201

$$\text{VIS } k. \begin{cases} H = 0^m,580 \quad h = 0^m,029 \quad m = 20 \\ I = 1,45 \qquad \theta = 27^\circ 29' \quad \theta' = 42^\circ 43' \end{cases}$$

OBSERVATIONS.	T	v	T'	v'	N	V	N'	V'	v_1	V_1	E	ρ
24 SEPTEMBRE. Vis k.	$1^m\,29^s$	$1^m\,123$	$1^m\,31^s$	$1^m\,098$	25,00	$1^m\,609$	26,00	$1^m\,637$	$1^m\,110$	$1^m\,623$	$0^m\,513$	0,316
	1 32	1 087	1 40	1 000	24,00	1 494	26,75	1 533	1 043	1 513	0 470	0,310
	1 36	1 041	1 45	0 953	25,50	1 521	27,50	1 501	0 997	1 511	0 514	0,340
moyennes.					n = 2,672				1 050			0,322

QUATRIÈME SÉRIE. — VIS ÉVIDÉES.

$$D = 0^m,40 \qquad d = 0^m,30 \qquad A = 550 \text{ centimètres carrés.}$$

VIS $l.$ $\begin{cases} H = 0^m,50 & h = 0^m,10 & m = 5 \\ I = 1,25 & \theta = 21°42' & \theta' = 27°54' \end{cases}$

OBSERVATIONS.	T	v	T'	v'	N	V	N'	V'	v_1	V_1	E	ρ
24 SEPTEMBRE. Vis $l.$	2^m 26^s	0^m 685	1^m 47^s	0^m 934	51,00	1^m 725	38,00	1^m 754	0^m 809	1^m 739	0^m 930	0,534
	2 36	0 641	2 0	0 838	52,00	1 646	42,50	1 749	0 739	1 698	0 959	0,564
	2 27	0 680	2 7	0 787	48,00	1 613	42,50	1 653	0 733	1 623	0 890	0,548
moyennes.					$n = 3,381$				0 760			0,549
17 NOVEMBRE. Vis $l.$	76^s	0 881	60^s	1 116	33,00	2 095	27,00	2 223	0 999	2 159	1 160	0,536
	80	0 837	61	1 099	35,00	2 161	26,00	2 105	0 968	2 133	1 165	0,546
					$n = 4,292$				0 983			0,541

VIS $m.$ $\begin{cases} H = 0^m,70 & h = 0^m,10 & m = 7 \\ I = 1,75 & \theta = 29°7' & \theta' = 36°34' \end{cases}$

OBSERVATIONS.	T	v	T'	v'	N	V	N'	V'	v_1	V_1	E	ρ
25 SEPTEMBRE. Vis $m.$	1^m 53^s	0^m 885	1^m 39^s	1^m 010	32,00	1^m 959	28,50	1^m 991	0^m 947	1^m 975	1^m 028	0,520
	2 1	0 826	1 44	0 962	32,00	1 829	28,75	1 914	0 894	1 871	0 977	0,522
	2 16	0 735	1 48	0 925	34,25	1 742	28,00	1 793	0 830	1 767	0 937	0,530
moyennes.					$n = 2,673$				0 890			0,524
15 NOVEMBRE. Vis $m.$	62^s	1 081	56^s	1 196	22,00	2 454	19,00	2 346	1 138	2 400	1 262	0,525
	63	1 064	54	1 241	22,00	2 415	19,00	2 433	1 152	2 424	1 272	0,524
	61	1 099	55	1 219	22,00	2 494	20 00	2 514	1 159	2 504	1 345	0,536
					$n = 3,523$				1 150			0,528

VIS $n.$ $\begin{cases} H = 1^m,00 & h = 0^m,10 & m = 10 \\ I = 2,50 & \theta = 38°31' & \theta' = 46°40' \end{cases}$

OBSERVATIONS.	T	v	T'	v'	N	V	N'	V'	v_1	V_1	E	ρ
25 SEPTEMBRE. Vis $n.$	2^m 1^s	0^m 826	1^m 43^s	0^m 971	28,75	2^m 351	24,50	2^m 355	0^m 898	2^m 353	1^m 455	0,618
	2 20	0 714	1 53	0 885	33,00	2 328	26,00	2 275	0 800	2 300	1 500	0,652
	2 13	0 752	1 36	1 041	31,00	2 303	25,00	2 573	0 897	2 438	1 541	0,632
moyennes.					$n = 2,363$				0 865			0,634

VIS o. $\begin{cases} H = 0^m,70 & h = 0^m,05 & m = 14 \\ I = 1,75 & 0 = 29°7' & 0' = 36°34' \end{cases}$

OBSERVATIONS.	T	v	T'	v'	N	V	N'	V'	v₁	V₁	E	ρ
25 SEPTEMBRE. Vis o.	2m 5s	0m 800	1m 48s	0m 925	34,00	1m 881	26,75	1m 707	0m 862	1m 794	0m 932	0,519
	2 7	0 787	1 39	1 010	34,50	1 879	29,00	2 026	0 899	1 952	1 053	0,539
	2 2	0 820	1 45	0 953	35,00	1 984	28,00	1 844	0 887	1 914	1 027	0,536
moyennes.					n = 2,695				0 883			0,531
14 NOVEMBRE. Vis o.	60s	1 116	57s	1 176	21,00	2 421	19,00	2 305	1 146	2 363	1 217	0,515
	64	1 047	55	1 219	22,00	2 377	19,00	2 389	1 133	2 383	1 250	0,524
	64	1 047	56	1 196	21,00	2 269	18,00	2 222	1 121	2 245	1 124	0,500
					n = 3,329				1 133			0,513

VIS p. $\begin{cases} H = 1^m,00 & h = 0^m,05 & m = 20 \\ I = 2,50 & 0 = 38°31' & \theta' = 46°40' \end{cases}$

OBSERVATIONS.	T	v	T'	v'	N	V	N'	V'	v₁	V₁	E	ρ
25 SEPTEMBRE. Vis p.	1m 50s	0m 909	1m 36s	1m 041	25,00	2m 245	23,25	2m 936	0m 975	2m 590	1m 615	0,623
	2 3	0 813	1 47	0 934	27,00	2 161	24,00	2 216	0 874	2 189	1 315	0,600
	2 1	0 826	1 52	0 893	26,25	2 143	23,00	2 028	0 860	2 085	1 225	0,588
moyennes.					n = 2,288				0 903			0 604

CINQUIÈME SÉRIE. — VIS ÉVIDÉES.

$$D = 0^m,312 \qquad d = 0^m,15 \qquad A = 588 \text{ centimètres carrés.}$$

VIS q. $\begin{cases} H = 0^m,39 & h = 0^m,078 & m = 5 \\ I = 1,25 & 0 = 21°42' & \theta' = 39°37' \end{cases}$

OBSERVATIONS.	T	v	T'	v'	N	V	N'	V'	v₁	V₁	E	ρ
26 SEPTEMBRE. Vis q, première face. La brise un peu fraîche et debout en allant, a augmenté le recul.	1m 33s	1m 075	1m 8s	1m 470	60,00	2m 485	51,00	2m 890	1m 272	2m 687	1m 415	0,526
	1 49	0 917	1 16	1 315	61,00	2 156	53,00	2 683	1 116	2 419	1 303	0,538
	1 34	1 063	1 10	1 428	58,00	2 377	49,00	2 697	1 245	2 537	1 292	0,509
moyennes.					n = 6,534				1m 211			0,524
16 NOVEMBRE. Vis q, première face.	62s	1 081	59s	1 136	32,25	2 004	31,00	2 024	1 123	2 014	0 891	0,442
	74	0 905	63	1 064	35,25	1 824	29,00	1 773	0 984	1 799	0 815	0,453
	84	0 797	60	1 116	38,50	1 766	29,00	1 862	0 956	1 814	0 858	0,473
					n = 4,810				1 021			0,456

4

Suite de la vis q.

OBSERVATIONS.	T	v	T'	v'	N	V	N'	V'	v_1	V_1	E	ρ
23 octobre. Vis q, deuxième face.	45^s	1^m 488	40^s	1^m 675	30,00	2^m 568	25,00	2^m 408	1^m 532	2^m 488	0^m 936	0,384
	49	1 367	40	1 675	29,75	2 339	26,00	2 505	1 454	2 422	0 908	0,399
	51	1 313	45	1 488	31,50	2 379	27,50	2 355	1 400	2 367	0 967	0,408
16 novembre. Vis q, deuxième face.	41	1 634	36	1 861	32,50	3 054	28,00	2 906	1 747	3 025	1 278	0,422
	49	1 367	47	1 425	31,00	2 437	28,00	2 295	1 396	2 366	0 970	0,400
	51	1 313	37	1 811	32,00	2 417	28,00	2 916	1 562	2 666	1 104	0,414
moyennes.							n = 6,554		1 515			0,405

VIS r. $\quad$ H $= 0^m,546 \quad$ h $= 0^m,078 \quad$ m $= 7$
$\qquad\qquad$ l $= 1,75 \quad$ θ $= 29°7' \quad$ θ' $= 49°12'$

OBSERVATIONS.	T	v	T'	v'	N	V	N'	V'	v_1	V_1	E	ρ
26 septembre. Vis r.	1^m 57^s	0^m 854	1^m 30^s	1^m 111	45,00	2^m 075	35,00	2^m 098	0^m 982	2^m 086	1^m 104	0,529
	1 55	0 869	1 31	1 098	44,50	2 087	37,50	2 223	0 983	2 155	1 172	0,544
	1 54	0 877	1 30	1 111	46,00	2 177	35,00	2 098	0 994	2 137	1 143	0,535
moyennes.							n = 3,894		0 986			0,536
22 octobre. Vis r.	60^s	1 116	58^s	1 156	25,75	2 311	24,75	2 302	1 136	2 306	1 170	0,507
	63	1 064	58	1 156	26,50	2 269	24,00	2 232	1 110	2 250	1 140	0,507
	65	1 031	60	1 116	26,50	2 199	24,25	2 180	1 073	2 189	1 116	0,509
							n = 4,119		1 106			0,508

VIS s. $\quad$ H $= 0^m,78 \quad$ h $= 0^m,078 \quad$ m $= 10$
$\qquad\qquad$ l $= 2,50 \quad$ θ $= 38°31' \quad$ θ' $= 58°52'$

OBSERVATIONS.	T	v	T'	v'	N	V	N'	V'	v_1	V_1	E	ρ
26 septembre. Vis s.	1^m 50^s	0^m 909	1^m 19^s	1^m 265	36,00	2^m 522	29,00	2^m 828	1^m 087	2^m 675	1^m 588	0,593
	1 42	0 980	1 14	1 351	34,00	2 568	26,00	2 707	1 165	2 637	1 472	0,558
	1 41	0 990	1 16	1 315	33,50	2 556	26,00	2 636	1 152	2 595	1 443	0,556
moyennes.							n = 3,380		1 135			0,569
26 octobre. Vis s.	61^s	1 099	58^s	1 156	22,50	2 842	21,00	2 790	1 128	2 816	1 688	0,599
	67	1 000	58	1 156	23,50	2 703	21,00	2 790	1 078	2 746	1 668	0,607
	65	1 081	60	1 116	22,50	2 223	22,00	2 825	1 073	2 524	1 451	0,575
							n = 3,551		1 093			0,594

VIS $t.$ $\begin{cases} \text{II} = 0^m,546 \quad \text{h} = 0^m,039 \quad m = 14 \\ \text{I} = 1,75 \quad \quad 0 = 29°7' \quad 0' = 49°12' \end{cases}$

OBSERVATIONS.	T	v	T'	v'	N	V	N'	V'	v_1	V_1	E	ρ
26 SEPTEMBRE. Vis $t.$	$1^m\ 36^s$	$1^m\ 041$	$1^m\ 24^s$	$1^m\ 190$	33,00	$1^m\ 854$	28,25	$1^m\ 814$	$1^m\ 115$	$1^m\ 834$	$0^m\ 719$	0,392
	1 43	0 971	1 22	1 220	35,00	1 833	28,00	1 841	1 095	1 837	0 742	0,404
	1 57	0 854	1 25	1 176	37,00	1 706	27,00	1 713	1 015	1 709	0 694	0,406
moyennes.					n = 3,285				1 075			0,401
22 OCTOBRE. Vis $t.$	59^s	1 136	60^s	1 116	22,00	2 011	21,25	1 910	1 126	1 960	0 834	0,425
	61	1 099	67	1 000	22,00	1 945	22,75	1 751	1 050	1 848	0 798	0,431
	64	1 047	61	1 099	22,50	1 896	22,00	1 945	1 073	1 920	0 847	0,441
					n = 3,498				1 083			0,432

VIS $u.$ $\begin{cases} \text{II} = 0^m,780 \quad \text{h} = 0^m,039 \quad m = 20 \\ \text{I} = 2,50 \quad \quad 0 = 38°31' \quad 0' = 58°52' \end{cases}$

OBSERVATIONS.	T	v	T'	v'	N	V	N'	V'	v_1	V_1	E	ρ
22 OCTOBRE. Vis $u.$	66^s	$1^m\ 015$	61^s	$1^m\ 099$	22,25	$2^m\ 598$	20,00	$2^m\ 526$	$1^m\ 057$	$2^m\ 562$	$1^m\ 505$	0,586
	63	1 064	64	1 047	20,50	2 508	20,25	2 433	1 055	2 470	1 415	0,573
	64	1 047	55	1 219	21,00	2 529	18,00	2 522	1 133	2 525	1 392	0,551
14 NOVEMBRE. Vis $u.$	65	1 031	62	1 081	20,00	2 371	21,00	2 610	1 056	2 490	1 434	0,575
	65	1 031	60	1 116	22,00	2 605	20,00	2 568	1 073	2 587	1 514	0,585
moyennes.					n = 3,240				1 075			0,574

SIXIÈME SÉRIE. — VIS INTERMÉDIAIRES.

LES OBSERVATIONS DE CETTE SÉRIE N'ONT ÉTÉ FAITES QUE SUR LA SECONDE BASE.

$D = 0^m,40 \quad d = 0^m,10 \quad h = 0^m,10 \quad A = 1178$ centimètres carrés.

VIS $\alpha.$ $\quad \text{II} = 0^m,50 \quad m = 5. \quad \text{I} = 1,25 \quad 0 = 21°42' \quad \theta' = 57°52'$

OBSERVATIONS.	T	v	T'	v'	N	V	N'	V'	v_1	V_1	E	ρ
17 NOVEMBRE. Vis α_1, ou vis α à directrice légèrement courbe. Première face.	38^s	$1^m\ 763$	33^s	$2^m\ 030$	18,00	$2^m\ 340$	16,00	$2^m\ 395$	$1^m\ 896$	$2^m\ 367$	$0^m\ 471$	0,198
	38	1 763	35	1 914	18,00	2 340	16,00	2 258	1 838	2 299	0 461	0,200
	43	1 558	39	1 718	18,00	2 068	17,00	2 153	1 638	2 110	0 472	0,224
moyennes.					n = 4,518				1 791			0,207
Vis α_1, deuxième face, le côté convexe du côté du choc.	43	1 558	40	1 675	21,00	2 412	19,00	2 346	1 616	2 379	0 763	0,321
	45	1 488	40	1 675	21,00	2 305	19,00	2 346	1 581	2 325	0 744	0,320
	41	1 634	40	1 675	21,25	2 560	19,00	2 346	1 654	2 453	0 799	0,325
					n = 4,772				1 617			0,323

Suite de la vis α.

OBSERVATIONS.	T	v	T'	v'	N	V	N'	V'	v_1	V_1	E	ρ
19 NOVEMBRE. Vis α_1, première face. Balancements de roulis.	37s	1m 811	34s	1m 971	17,50	2m 336	16,25	2m 361	1m 891	2m 348	0m 457	0,194
Même vis, tournée par deux hommes. Sans balancements.	42	1 595	39	1 718	17,00	1 999	17,00	2 153	1 656	2 076	0 420	0,202
	43	1 558	41	1 634	17,25	1 981	16,00	1 927	1 596	1 954	0 358	0,183
moyennes.					n = 4,035				1 626			0,193
21 JANVIER 1845. Vis α rectifiée. Première face.	52	1 288	42	1 595	19,25	1 828	17,00	2 000	1 441	1 914	0 473	0,247
	48	1 396	42	1 595	19,25	1 976	16,50	1 941	1 495	1 958	0 463	0,237
	57	1 176	42	1 595	19,75	1 711	16,00	1 881	1 385	1 796	0 411	0,228
					n = 3,779				1 440			0,237
Vis α rectifiée. Deuxième face.	57	1 176	46	1 456	20,00	1 733	16,50	1 772	1 316	1 752	0 436	0,249
	55	1 219	46	1 456	20,25	1 818	16,00	1 718	1 337	1 768	0 431	0,243
	57	1 176	48	1 396	20,50	1 776	16,50	1 698	1 286	1 737	0 451	0,259
					n = 3,505				1 313			0,250

VIS ε. $H = 0^m,60$ $m = 6$ $I = 1,50$ $\theta = 25°31'$ $\theta' = 62°22'$

OBSERVATIONS.	T	v	T'	v'	N	V	N'	V'	v_1	V_1	E	ρ
15 NOVEMBRE. Vis ε, première face.	42s	1m 595	37s	1m 811	17,00	2m 399	15,00	2m 403	1m 703	2m 402	0m 699	0,291
	43	1 558	43	1 558	17,00	2 344	16,25	2 240	1 558	2 292	0 734	0,320
	42	1 595	39	1 718	17,25	2 440	15,25	2 318	1 706	2 379	0 673	0,283
	38	1 763	35	1 914	17,00	2 652	15,00	2 540	1 838	2 596	0 758	0,292
	37	1 811	36	1 861	16,50	2 644	15,00	2 470	1 836	2 557	0 721	0,282
Vis ε, deuxième face.	40	1 675	37	1 811	16,50	2 445	15,00	2 403	1 743	2 424	0 681	0,281
moyennes.					n = 4,068				1 731			0,291
4 DÉCEMBRE. Vis ε_1, ou la moitié de la vis ε. La division étant faite par un plan perpendiculaire à l'axe.	42	1 558	58	1 156	16,00	2 258	19,25	1 967	1 357	2 112	0 755	0,357
	46	1 456	51	1 313	16,75	2 158	17,75	2 063	1 385	2 110	0 725	0,343
	44	1 522	51	1 313	16,50	2 222	17,50	2 034	1 417	2 129	0 712	0,334
					n = 4,068				1 386			0,345
Vis ε_2, ou vis ε_1 dont les branches sont disposées en échiquier sur un tambour de longueur double.	43	1 558	44	1 522	17,75	2 447	17,50	2 357	1 540	2 402	0 862	0,358
	45	1 488	45	1 488	17,50	2 305	16,75	2 206	1 488	2 235	0 767	0,340
	49	1 367	50	1 340	17,50	2 117	17,25	2 045	1 353	2 081	0 728	0,349
					n = 3,744				1 460			0,349
Vis ε_3, ou vis ε_1 dans laquelle la directrice de chaque branche a été recourbée * à la partie antérieure.	47	1 425	45	1 488	17,75	2 239	17,50	2 365	1 456	2 272	0 816	0,359
	43	1 558	43	1 558	17,75	2 447	17,75	2 447	1 558	2 447	0 889	0,363
	45	1 488	47	1 425	17,25	2 272	17,50	2 207	1 456	2 240	0 784	0,350
					n = 3,866				1 490			0,357

* Voir (*fig.* 5) : *pmq* est le développement de la directrice de ε_1, et *pmn* le développement de la directrice de ε_3. La hauteur du tambour est ainsi réduite de $0^m,050$ à $0^m,042$. Le recul a été calculé en conservant la même valeur $0^m,60$ pour la hauteur totale du pas.

VIS γ.   H $= 0^m,70$ m $= 7$ I $= 1,75$ $\theta = 29°7'$ $\theta' = 65°50'$

OBSERVATIONS.	T	v	T'	v'	N	V	N'	V'	v₁	V₁	E	ρ
14 NOVEMBRE. Vis γ, première face.	34s	1m 971	34s	1m 971	15,00	3m 051	14,00	2m 848	1m 971	2m 944	0m 973	0,330
	36	1 861	33	2 030	14,50	2 795	14,00	2 934	1 945	2 860	0 915	0,320
	37	1 811	32	2 094	15,00	2 803	14,00	3 025	1 952	2 914	0 962	0,330
Vis γ, deuxième face.	35	1 971	32	2 094	15,00	3 051	14,00	3 025	2 032	3 038	1 006	0,331
	34	1 971	33	2 030	14,50	2 949	14,00	2 934	2 000	2 941	0 941	0,320
moyennes.						n = 4,200				1 980			0,326

VIS δ.   H $= 0^m,80$ m $= 8$ I $= 2,00$ $\theta = 32°29'$ $\theta' = 68°34'$

OBSERVATIONS.	T	v	T'	v'	N	V	N'	V'	v₁	V₁	E	ρ
14 NOVEMBRE. Vis δ, première face *.	39s	1m 718	38s	1m 763	13,25	2m 686	13,00	2m 704	1m 740	2m 695	0m 955	0,354
	40	1 675	40	1 675	13,00	2 569	13,00	2 569	1 675	2 569	0 894	0,347
	46	1 456	41	1 634	13,75	2 362	13,00	2 506	1 545	2 444	0 899	0,367
moyennes.						n = 3,138				1 653			0,356
2 DÉCEMBRE. Vis δ, deuxième face.	48	1 396	48	1 396	13,00	2 140	12,50	2 058	1 396	2 099	0 703	0,335
	49	1 367	46	1 456	13,25	2 137	13,00	2 232	1 412	2 185	0 773	0,354
	50	1 340	45	1 488	13,50	2 134	12,50	2 195	1 414	2 164	0 750	0,346
						n = 2,687				1 407			0,345
2 DÉCEMBRE. Vis δ₁, ou vis δ diminuée d'un septième par une section faite suivant un plan perpendiculaire à l'axe. Deuxième face.	51	1 313	46	1 456	14,00	2 170	13,00	2 234	1 385	2 202	0 817	0,371
	50	1 340	46	1 456	14,00	2 213	12,00	2 062	1 398	2 138	0 740	0,346
	50	1 340	45	1 488	13,50	2 134	12,75	2 239	1 414	2 186	0 772	0,353
						n = 2,720				1 399			0,357
Vis δ₂, ou vis δ diminuée des deux septièmes par une section faite suivant un plan perpendiculaire à l'axe. Deuxième face.	45	1 488	39	1 718	14,25	2 502	13,00	2 634	1 603	2 566	0 963	0,375
	48	1 396	42	1 595	14,25	2 346	13,50	2 540	1 495	2 443	0 948	0,388
	48	1 396	43	1 558	14,25	2 346	13,00	2 390	1 477	2 368	0 891	0.376
						n = 3,075				1 525			0,380
Vis δ₃, ou vis δ diminuée des trois septièmes par une section faite suivant un plan perpendiculaire à l'axe. Deuxième face.	48	1 396	47	1 425	14,00	2 305	13,75	2 312	1 410	2 308	0 898	0,386
	48	1 396	48	1 396	14,00	2 305	13,50	2 222	1 396	2 313	0 917	0,396
	49	1 367	52	1 288	13,75	2 218	14,00	2 127	1 328	2 163	0 835	0,386
						n = 2,810				1 378			0,389
Vis δ₄, ou vis δ diminuée des quatre septièmes par une section faite suivant un plan perpendiculaire à l'axe. 2ᵐᵉ face.	47	1 425	45	1 488	13,75	2 312	13,75	2 414	1 456	2 363	0 907	0,383
	51	1 313	49	1 367	14,25	2 208	13,75	2 218	1 340	2 213	0 873	0,394
	52	1 288	48	1 396	14,00	2 128	13.50	2 222	1 342	2 175	0 833	0,383
						n = 2,813				1 376			0,387
Vis δ₅, ou vis δ diminuée des cinq septièmes par une section faite suivant un plan perpendiculaire à l'axe. Deuxième face.	51	1 313	47	1 425	16,25	2 518	14,75	2 480	1 369	2 499	1 130	0,452
	54	1 241	47	1 425	16,50	2 414	14,75	2 480	1 333	2 447	1 114	0,455
	56	1 196	46	1 456	16,50	2 329	14,50	2 491	1 330	2 410	1 080	0,448
						n = 3,065				1 344			0,452

* La même vis ayant été expérimentée, sans que l'on ait pris la précaution de nettoyer la carène de la yole qui s'était salie pendant un repos de quinze jours, on a trouvé un recul plus fort de trois centièmes.

Suite de la vis δ.

OBSERVATIONS.	T	v	T'	v'	N	V	N'	V'	v_1	V_1	E	ρ
Vis δ_6, ou vis δ réduite à un septième.	43^s	1^m 558	49^s	1^m 367	15,50	2^m 849	18,25	2^m 943	1^m 462	2^m 896	1^m 434	0,495
	46	1 456	53	1 264	16,50	2 834	17,50	2 610	1 360	2 722	1 362	0,500
	49	1 367	50	1 340	15,50	2 500	17,25	2 727	1 353	2 613	1 260	0,482
moyennes.						$n = 3,430$			1 392			0,492

VIS λ. $H = 0^m,90$ $m = 9$ $I = 2,25$ $\theta = 35°37'$ $\theta' = 70°45$

OBSERVATIONS.	T	v	T'	v'	N	V	N'	V'	v_1	V_1	E	ρ
14 NOVEMBRE. Vis λ, première face*.	42^s	1^m 595	42^s	1^m 595	12,00	2^m 541	12,00	2^m 541	1^m 595	2^m 541	0^m 946	0,372
	42	1 595	40	1 675	12,25	2 636	11,50	2 556	1 635	2 596	0 961	0,370
	47	1 425	42	1 595	13,00	2 459	11,50	2 434	1 510	2 441	0 931	0,381
moyennes.						$n = 2,809$			1 580			0,374
Vis λ, deuxième face.	48	1 396	44	1 522	14,00	2 594	11,50	2 500	1 459	2 547	1 088	0,427
	48	1 396	46	1 456	13,00	2 407	12,50	2 456	1 426	2 432	1 006	0,413
	49	1 367	43	1 558	14,50	2 631	12,00	2 481	1 462	2 556	1 094	0,429
						$n = 2,783$			1 449			0,417

SEPTIÈME SÉRIE. — VIS DIVERSES.

VIS x **. $D = 0^m,40$ $d = 0^m,20$ $H = 1^m,00$ $m = 10$ $h = 0^m,10$ $I = 2,50$ $A = 942$ centim. carrés. $\theta = 38°31'$ $\theta' = 57°52'$

OBSERVATIONS.	T	v	T'	v'	N	V	N'	V'	v_1	V_1	E	ρ
22 SEPTEMBRE. Vis x, première face.	1^h 35^s	1^m 052	1^m 22^s	1^m 220	19,00	1^m 976	19,50	2^m 349	1^m 136	2^m 162	1^m 026	0,474
	1 42	0 980	1 29	1 123	19,75	1 913	19,50	2 164	1 051	2 039	0 988	0,484
	1 51	0 901	1 32	1 087	19,25	1 713	19,75	2 121	0 994	1 934	0 940	0,486
	1 31	1 098	1 47	0 934	18,00	1 954	19,00	1 754	1 016	1 854	0 838	0,452
Deuxième face.	1 35	1 052	1 57	0 854	18,00	1 872	19,75	1 667	0 953	1 769	0 816	0,461
	2 2	0 828	1 55	0 869	19,25	1 599	18,75	1 610	0 848	1 605	0 757	0,471
moyennes.						$n = 1,891$			1 000			0,471

* La même vis ayant été expérimentée, sans que l'on ait pris la précaution de nettoyer la carène de la yole, salie par un repos de quinze jours, on a trouvé un recul plus fort de deux centièmes.

** Cette vis a les dimensions et la forme de la vis e de la troisième série ; elle en diffère par la nature des branches qui sont planes dans la vis x, et héliçoïdes dans la vis e.

VIS Φ à directrice courbe, à génératrice droite et tangente à un cylindre de même axe que le cylindre enveloppant.*

D = 0^m,40   d = 0^m,075   H = 0^m,90   m = 10,50   m' = 7

h = 0^m,086   I = 2,25   A = 784 centimètres carrés.

OBSERVATIONS.	T	v	T'	v'	N	V	N'	V'	v_1	V_1	E	ρ
20 NOVEMBRE. Vis Φ.	44s	1m 522	40s	1m 675	11,25	2m 273	11,00	2m 445	1m 599	2m 359	0m 760	0,322
	44	1 522	45	1 488	11,25	2 273	11,25	2 221	1 505	2 247	0 742	0,330
	49	1 367	40	1 675	11,00	1 996	10,00	2 223	1 521	2 110	0 589	0,279
moyennes.					n = 2,487				1 542			0,310
Vis Φ1, ou vis Φ réduite à quatre branches également espacées.	44	1 522	37	1 811	11,50	2 324	10,00	2 403	1 666	2 363	0 697	0,295
	48	1 396	40	1 675	12,00	2 223	10,50	2 234	1 535	2 278	0 743	0,326
	47	1 425	39	1 718	12,25	2 316	11,00	2 507	1 571	2 412	0 841	0,348
					n = 2,612				1 590			0,323
Vis Φ2, ou vis Φ dont la directrice intérieure est droite. Elle a sept branches.	42	1 595	47	1 425	11,00	2 328	11,00	2 081	1 510	2 204	0 694	0,314
	50	1 340	48	1 396	11,25	2 001	11,00	2 038	1 368	2 019	0 651	0,322
					n = 2,346				1 439			0,318
Vis Φ3, ou vis Φ2 réduites à quatre branches.	52	1 288	46	1 456	11,25	1 923	11,75	2 077	1 372	2 000	0 628	0,314
	55	1 219	49	1 367	11,50	1 860	11,00	2 078	1 293	1 969	0 676	0,343
					n = 2,205				1 332			0,328
Vis Φ4, ou vis Φ3 dont les génératrices présentent l'angle aigu au choc.	54	1 241	48	1 396	12,00	1 975	10,25	1 899	1 318	1 937	0 621	0,320
	52	1 288	50	1 340	12,00	2 052	11,00	1 959	1 314	1 995	0 681	0,341
					n = 2,189				1 316			0,330

VIS Ω à génératrice courbe.

D = 0^m,40   d = 0^m,075   H = 0^m,90   m = 10,50   m' = 7

h = 10^m,50   I = 2,25   A = 784 centimètres carrés.

OBSERVATIONS.	T	v	T'	v'	N	V	N'	V'	v_1	V_1	E	ρ
22 NOVEMBRE. Vis Ω. Même directrice que Φ2. Génératrice droite. Côté concave présenté au choc. Quatre branches.	49s	1m 367	51s	1m 313	11,00	1m 996	10,75	1m 874	1m 340	1m 935	0m 595	0,307
	52	1 288	56	1 196	11,50	1 966	12,00	1 905	1 242	1 935	0 693	0,358
	53	1 264	55	1 219	12,00	2 013	12,00	1 939	1 242	1 976	0 734	0,371
moyennes.					n = 2,166				1 275			0,345
Côté convexe présenté au choc.	65	1 031	68	0 985	17,50	2 394	17,50	2 288	1 008	2 343	1 335	0,569
Vis Ω1. Même vis à directrice droite et génératrice courbe ayant une flèche de 7 millim. Côté concave présenté au choc.	51	1 313	50	1 340	13,00	2 266	13,00	2 311	1 326	2 288	0 962	0,420
	52	1 288	51	1 313	13,00	2 223	13,00	2 266	1 300	2 245	0 945	0,420
					n = 2,518				1 313			0,420

* La directrice de Φ est une courbe dont la flèche est de 6 millimètres, et dont l'angle de la tangente avec la corde du côté du choc est de 8°. — Le côté concave est constamment présenté au choc du liquide.

Le recul est calculé dans l'hypothèse où les directrices des branches seraient les hélices passant par les extrémités de ces directrices.

Les génératrices étant tangentes à un petit cylindre intérieur, ne sont plus normales à la surface cylindrique enveloppante; elles font avec elle, du côté du choc du liquide, un angle obtus de 100° dans la vis Φ, Φ1, Φ2, Φ3, et un angle aigu de 80° dans la vis Φ4.

PREMIÈRE PARTIE.

EXPÉRIENCES

FAITES POUR DÉTERMINER L'INFLUENCE DE LA VITESSE DU MOUVEMENT DE ROTATION DE LA VIS SUR LE RECUL.

Les expériences précédentes ont été faites avec la plus grande vitesse possible. Après la plupart d'entre elles, on a fait marcher la yole avec une faible vitesse et on a déterminé le recul de la vis. — Les résultats de ces observations sont consignés ci-dessous. — Les chiffres supérieurs de chaque case indiquent la moyenne des résultats obtenus avec une grande vitesse, et relatés dans les tableaux qui précèdent; les chiffres inférieurs expriment les résultats obtenus en faisant tourner les manivelles avec une faible vitesse. — Les deux expériences ayant été faites à la même époque sont toujours comparables.

DATES.	VIS.	N	V_1	ρ
20 SEPTEMBRE.	A , première base. Première face.	5,046 3,666	1ᵐ 751 1 263	0,304 0,311
6 DÉCEMBRE.	A , deuxième base. Première face.	3,862 2,257	1 388 0 805	0,279 0,286
6 DÉCEMBRE.	A , deuxième base. Deuxième face.	3,805 2,478	1 434 0 952	0,246 0,232
30 SEPTEMBRE.	B , première base. Première face.	3,580 2,435	1 650 1 046	0,341 0,386
14 JANVIER.	C , deuxième base. Première face.	4,906 3,145	1 495 0 984	0,307 0,288
20 SEPTEMBRE.	C_1 , première base. Première face.	5,258 3,757	1 733 1 083	0,251 0,344
21 SEPTEMBRE.	D , première base.	4,310 3,063	1 688 1 097	0,361 0,418
28 SEPTEMBRE.	A_1 , première base. Première face.	5,328 2,790	1 843 0 972	0,310 0,303
26 SEPTEMBRE.	B_3 , première base.	3,846 2,512	1 654 1 039	0,385 0,407
28 SEPTEMBRE.	D_1 , première base.	3,893 2,672	1 444 0 969	0,387 0,411
21 SEPTEMBRE.	a_1 , première base.	4,407 2,499	1 249 0 680	0,437 0,456
21 SEPTEMBRE.	b , première base.	3,503 2,201	1 344 0 851	0,451 0,447
22 SEPTEMBRE.	c , première base.	2,614 2,115	1 187 0 942	0,545 0,555
23 SEPTEMBRE.	d , première base.	3,120 2,162	1 349 0 929	0,382 0,386
20 SEPTEMBRE.	f , première base.	3,700 2,977	1 150 0 940	0,182 0,223

DATES.	VIS.	N	V_1	ρ
23 SEPTEMBRE.	g , première base.	3,194 2,315	0ᵐ 910 0 672	0,298 0,285
24 SEPTEMBRE.	i , première base.	4,006 2,544	1 298 0 848	0,201 0,178
24 SEPTEMBRE.	k , première base.	2,672 2,064	1 050 0 737	0,322 0,384
24 SEPTEMBRE.	l , première base.	3,381 2,660	0 760 0 562	0,549 0,577
26 SEPTEMBRE.	r , première base.	3,894 2,642	0 986 0 579	0,536 0,598
26 SEPTEMBRE.	s , première base.	3,380 2,095	1 135 0 660	0,569 0,505
26 SEPTEMBRE.	t , première base.	3,285 2,877	1 075 0 813	0,401 0,492
22 SEPTEMBRE.	x , première base.	1,891 1,402	1 000 0 590	0,471 0,575
19 NOVEMBRE.	α_1 , deuxième base. Première face.	4,698 2,488 2,324 2,241 2,211	1 891 0 988 0 908 0 840 0 752	0,194 0,206 0,226 0,250 0,319
2 DÉCEMBRE.	δ , deuxième base. Deuxième face.	2,623 2,025 1,792 1,571	1 396 1 056 0 945 0 811	0,335 0,348 0,341 0,354

On voit qu'en général le ralentissement de la vitesse de rotation augmente le recul d'une faible quantité. Lorsque le résultat contraire se présente, c'est le plus souvent à cause du balancement de roulis éprouvé par la yole quand la vitesse des manivelles est considérable.

TABLEAU SYNOPTIQUE DES DIMENSIONS DES VIS ET DE LEURS RECULS.

1° Vis à pas complet, à génératrices et à directrices droites.

Série	Vis.	m	m'	h	H	D	I	d	A (c/m)	u	V₁	ρ	Recul calculé *	OBSERVATIONS.
I.	A	5	5	0m 100	0m 500	0m 400	1,25	0m 075	1212	4,130	1m 502	0,269	0,251	Moyenne des observations sur chaque face.
	B	7	7	0 100	0 700	0 400	1,75	»	1212	3,777	1 712	0,352	0,320	
	C	5	5	0 088	0 440	0 346	1,27	»	896	4,770	1 440	0,314	0,282	
	D	7	7	0 088	0 616	0 346	1,78	»	896	4,310	1 688	0,364	0,355	
II.	a	5	5	0 100	0 500	0 400	1,25	0 200	942	4,073	1 121	0,449	0,254	Moyenne des observations sur chaque base.
	b	7	7	0 100	0 700	»	1,75	»	»	3,730	1 240	0,450	0,323	
	c	10	10	0 100	1 000	»	2,50	»	»	2,544	1 179	0,535	0,405	
	d	14	14	0 050	0 700	»	1,75	»	»	3,357	1 448	0,383	0,323	
	e	20	20	0 050	1 000	»	2,50	»	»	2,145	1 102	0,486	0,405	
III.	f	5	5	0 058	0 290	400	0,72	0 200	942	3,700	0 888	0,182	0,165	Moyen. des observ. sur chaque base.
	g	7	7	0 058	0 406	»	1,04	»	»	3,697	1 060	0,294	0,216	
	h	10	10	0 058	0 580	»	1,45	»	»	2,998	1 138	0,345	0,283	
	i	14	14	0 029	0 406	»	1,01	»	»	4,006	1 298	0,201	0,216	
	k	20	20	0 029	0 580	»	1,45	»	»	2,672	1 050	0,322	0,283	
IV.	l	5	5	0 100	0 500	0 400	1,25	0 300	550	3,836	0 871	0,545	0,286	Moyenne des observations sur chaque base.
	m	7	7	0 100	0 700	»	1,75	»	»	3,098	1 020	0,526	0,359	
	n	10	10	0 100	1 000	»	2,50	»	»	2,363	0 865	0,634	0,445	
	o	14	14	0 050	0 700	»	1,75	»	»	3,012	1 008	0,522	0,359	Idem.
	p	20	20	0 050	1 000	»	2,50	»	»	2,288	0 903	0,604	0,445	
V.	q	5	5	0 078	0 390	0 312	1,25	0 150	588	6,105	1 313	0,448	0,322	Moyenne des observations sur chaque face et chaque base.
	r	7	7	0 078	0 546	»	1,75	»	»	4,006	1 046	0,522	0,400	
	s	10	10	0 078	0 780	»	2,50	»	»	3,553	1 141	0,594	0,489	Moyennes des observations sur chaque base.
	t	14	14	0 039	0 546	»	1,75	»	»	3,391	1 079	0,410	0,400	
	u	20	20	0 039	0 780	»	2,50	»	»	3,240	1 075	0,574	0,489	
VI.	α	5	5	0 100	0 500	0 400	1,25	0 100	1178	3,642	1 453	0,244	0,251	Toutes les observations faites sur cette série ont eu lieu sur la seconde base.
	β	6	6	»	0 600	»	1,50	»	»	4,068	1 731	0,291	0,288	
	γ	7	7	»	0 700	»	1,75	»	»	4,200	1 980	0,326	0,320	
	δ	8	8	»	0 800	»	2,00	»	»	3,061	1 589	0,351	0,350	
	λ	9	9	»	0 900	»	2,25	»	»	2,813	1 515	0,401	0,377	

2° Vis à génératrices ou à directrices courbes et à pas incomplet.

Série	Vis.	m	m'	h	H	D	I	d	A	u	V₁	ρ	Recul calculé *	OBSERVATIONS.
VII.	Φ	10,5	7	0 086	0 900	0 400	2,25	0 075	808	2,487	1 542	0,310	»	Directrice courbe, génératrice droite.
	Φ₁	»	4	»	»	»	»	»	461	2,612	1 590	0,323	»	
	Φ₂	»	7	»	»	»	»	»	808	2,346	1 439	0,318	»	
	Φ₃	»	4	»	»	»	»	»	461	2,205	1 332	0,328	»	
	Φ₄	»	4	»	»	»	»	»	461	2,189	1 316	0,330	»	
	Ω	»	4	»	»	»	»	»	461	2,166	1 275	0,345	»	Directrice courbe, génératrice droite.
	Ω₁	»	4	»	»	»	»	»	461	2,518	1 313	0,420	»	Directrice droite, génératrice courbe.
	B₇	7	7	0 100	0 700	0 400	1,75	0 075	1212	3,182	1 644	0,261	»	Directrice courbe, génératrice droite.
	B₈	7	7	»	»	»	»	»	1212	3,171	1 537	0,308	»	

* Le recul a été calculé par la formule $\rho = \dfrac{H\sqrt{KB}}{\sqrt{S} + H\sqrt{KB}}$, voir la seconde partie, § VI.

    PREMIÈRE PARTIE.

3° Vis à génératrices et à directrices droites et à pas incomplet.

Série	Vis.	m	m'	h	H	D	I	d	A (c/m)	u	V₁	ρ	Recul calculé	OBSERVATIONS.
I.	A	5	5	0m 100	0m 500	0m 400	1,25	0m 075	1212	4,454	1m 570	0,290	0,251	Moyenne des observations sur chaque base.
	A₁	»	4	»	»	»	»	»	969	5,435	1 853	0,317	0,267	
	A₂	»	3	»	»	»	»	»	726	5,241	1 755	0,329	0,284	Observations faites sur la deuxiè-me base.
	A₃	»	2	»	»	»	»	»	484	5,606	1 716	0,387	0,313	
	A₄	»	1	»	»	»	»	»	242	6,087	1 660	0,453	0,365	
	A₂	»	3	»	»	»	»	»	726	5,200	1 640	0,369	0,284	Les branches inégalement espacées.
I.	B	7	7	0 100	0 700	0 400	1,75	0 075	1212	4,010	1 797	0,359	0,320	
	B₁	»	6	»	»	»	»	»	1038	3,708	1 632	0,370	0,331	
	B₂	»	5	»	»	»	»	»	865	3,890	1 711	0,371	0,346	Les branches également espacées.
	B₃	»	4	»	»	»	»	»	692	3,791	1 642	0,381	0,362	
	B₄	»	3	»	»	»	»	»	519	3,854	1 560	0,418	0,384	
	B₅	»	2	»	»	»	»	»	346	4,133	1 566	0,459	0,416	
	B₆	»	1	»	»	»	»	»	173	4,322	1 421	0,530	0,474	Les branches inégalement espacées.
	B₅	»	2	»	»	»	»	»	346	4,125	1 438	0,502	0,416	
	B₄	»	3	»	»	»	»	»	519	4,126	1 635	0,433	0,384	
	B₃	»	4	»	»	»	»	»	692	3,707	1 574	0,393	0,362	
	B₂	»	5	»	»	»	»	»	865	3,866	1 691	0,384	0,346	
	B₁	»	6	»	»	»	»	»	1038	3,969	1 758	0,366	0,331	
	B	»	7	»	»	»	»	»	1212	3,940	1 753	0,364	0,320	
I.	D	7	7	0 088	0 616	0 346	1,78	0 075	896	4,310	1 688	0,364	0,355	
	D₁	»	5	»	»	»	»	»	640	4,060	1 511	0,390	0,382	
VI.	δ	8,0	8	0 100	0 800	0 400	2,00	0 100	1178	3,061	1 589	0,351	0,350	
	δ₁	9,3	»	0 086	»	»	»	»	1010	2,720	1 399	0,357	0,362	
	δ₂	11,2	»	0 071	»	»	»	»	841	2,460	1 525	0,380	0,376	
	δ₃	14,0	»	0 057	»	»	»	»	673	2,810	1 378	0,389	0,394	
	δ₄	18,7	»	0 043	»	»	»	»	505	2,804	1 376	0,385	0,417	
	δ₅	28,0	»	0 028	»	»	»	»	337	3,065	1 844	0,452	0,450	
	δ₆	56,0	»	0 014	»	»	»	»	168	3,430	1 392	0,492	0,507	
VI.	ε	6	6	0 100	0 600	0 400	1,50	0 100	1178	4,068	1 731	0,291	0,288	
	ε₁	12	»	0 050	»	»	»	»	589	3,529	1 386	0,345	0,338	
	ε₂	12	»	0 050	»	»	»	»	589	3,580	1 441	0,349	0,338	Vis en échiquier.
	ε₃	12	»	0 050	»	»	»	»	589	3,866	1 490	0,357	0,338	Vis à ailes recourbées.

REMARQUES GÉNÉRALES SUR LES RÉSULTATS DES EXPÉRIENCES.

L'examen des tableaux synoptiques et des détails des expériences, montre suffisamment que leur but principal était de déterminer les variations du recul correspondant aux variations de la surface de la vis, et du rapport I entre la longueur du pas et le diamètre. On a fait varier ce rapport entre 0,72 et 2,50, et il est facile de voir, que sauf un très-petit nombre d'exceptions, le recul a constamment augmenté avec la valeur de I. Ces exceptions sont dues aux vis a, b, l, m, et ne peuvent être attribuées qu'à l'augmentation de la résistance offerte par les rayons des tambours, et au léger balancement de roulis qu'éprouvait la yole, lorsque les manivelles étaient tournées avec une grande vitesse.

Le recul est devenu plus grand, lorsque l'on a diminué l'aire du propulseur projetée sur un plan perpendiculaire à l'axe; cependant, si l'on compare les vis A et α, B et γ, qui ne diffèrent entre elles, qu'en ce que les vis α et γ ont un évidement de $0^m,10$, tandis que les vis A et B sont pleines, on trouve que le recul des premières est moindre de 0,025 que le recul des autres. Cette différence étant assez faible pour pouvoir être attribuée à des irrégularités de construction ou à des erreurs légères dans les observations, on ne peut en rien conclure, sinon qu'un évidement dont le diamètre est égal au quart du diamètre extérieur de la vis, n'a pas d'influence sensible sur le recul. Au contraire, les évidements de $0^m,20$, $0^m,30$, ont augmenté considérablement le recul; mais cette augmentation étant due surtout à la résistance des rayons qui liaient le tambour à l'arbre, on ne peut en tirer de conclusions bien certaines pour des vis placées sur de grands navires où cet effet peut être considérablement atténué.

Les vis de la quatrième et de la cinquième série ont sensiblement la même surface et ne diffèrent que par leurs diamètres. Les reculs de la cinquième série sont légèrement plus faibles que ceux de la quatrième, et comme la résistance des rayons était beaucoup plus grande pour celle-ci que pour celle-là, il y a lieu de penser que sur un grand navire où l'on pourrait employer des rayons dégauchis avec soin, les vis de la quatrième série reprendraient l'avantage que leur attribuent nos recherches théoriques et les formules qui en découlent.

Des expériences sur une grande échelle pourraient seules dissiper tous les doutes relativement à l'influence d'un évidement plus grand que le quart du diamètre extérieur. Cette influence est entièrement subordonnée à la nature des moyens que l'on emploie pour rattacher le tambour à l'arbre, et l'on ne peut guère introduire dans les calculs les résistances et les frottements que font naître les surfaces irrégulières employées dans ce but. L'exactitude sera cependant plus grande pour des propulseurs de grandes dimensions, parce que ces pertes étrangères à la propulsion y seront moins considérables, ou pourront être mieux appréciées.

Les vis de la sixième série ont été construites avec des valeurs de I assez rapprochées, et les reculs qu'elles ont donnés suivent une loi très-régulière : ils augmentent progressivement avec la valeur de I et de la hauteur du pas.

L'emploi d'une directrice courbe, lorsque l'on a présenté le côté concave au choc du liquide, a constamment donné des reculs beaucoup plus faibles que l'emploi d'une directrice droite; dans ce dernier cas, on a obtenu un recul un peu plus faible que la moyenne des résultats de l'emploi d'une directrice courbe, présentant au choc du liquide son côté concave d'abord et son côté convexe ensuite.

Les vis B_7, B_8, C_1, C_2 et α nous donnent des exemples de cette diminution du recul provenant de l'emploi d'une directrice courbe. On a obtenu des résultats semblables en comparant les vis Φ, Φ_1, à la vis λ : ces mêmes vis Φ, Φ_1, etc., nous montrent une augmentation bien faible du recul par suite de la suppression de trois branches sur sept.

La vis Φ_1 à directrice courbe et dont l'aire projetée est seulement égale à 461 centimètres carrés n'a que 0,328 de recul; tandis que la vis λ, dont la directrice est droite et dont la surface de projection est égale à 1178 centimètres carrés, a un recul de 0,374.

Quelques vis ont été construites avec des génératrices droites et tangentes à un cylindre de même axe que le cylindre enveloppant l'héliçoïde, et l'on a présenté au choc du liquide tantôt l'angle aigu et tantôt l'angle obtus. Dans le premier cas les filets liquides devaient converger vers l'axe du propulseur; ils devaient diverger au contraire dans le second cas. — Les vis B_7, B_8, construites de cette manière, ont montré une diminution du recul de 0,047 lorsque l'angle obtus se présentait au choc; les vis Φ_3, Φ_4 n'ont donné qu'une différence inappréciable. L'emploi d'une génératrice courbe tendant, comme nous le verrons plus loin, à faire converger les filets liquides vers l'axe, il y a lieu de penser d'après cela que la courbure de la génératrice est au moins inutile. Nous voyons en effet la vis Ω à directrice courbe et à génératrice droite, donner un recul plus faible de 0,075 que la vis Ω_1 de mêmes dimensions, mais à directrice droite et à génératrice courbe.

La vis x ne diffère de la vis e, qu'en ce que les ailes de la première sont planes, tandis que les ailes de la seconde sont héliçoïdes. Le recul donné par la vis e a été plus grand de 0,015 que le recul donné par la vis x; mais il était évident que les hommes qui tournaient les manivelles dépensaient une plus grande force motrice avec la vis x qu'avec la vis e.

La vis $\mathfrak{s}$ a été coupée en deux parties par un plan perpendiculaire à l'axe; puis on a disposé en échiquier les six branches de la vis, de telle sorte que trois de ses branches, transportées parallèlement à elles-même et à l'axe fussent placées sur la moitié antérieure du tambour total, et que les trois autres restassent placées sur la moitié postérieure de ce même tambour. On a obtenu alors sensiblement le même recul que lorsque les six branches de $\mathfrak{s}_1$ étaient fixées sur la même partie du tambour.

La vis $\mathfrak{s}_2$ a été formée en rabattant la partie antérieure des ailes de la vis $\mathfrak{s}_1$, de manière à recourber sa directrice, et l'on a trouvé que la quantité dont la yole avançait par tour était sensiblement la même qu'auparavant. — Nous verrons dans la seconde partie de ces recherches qu'il devait en résulter une diminution notable de la perte du travail.

L'influence du fractionnement du pas est clairement indiquée par les résultats que nous fournissent les deuxième, troisième, quatrième et cinquième séries. On voit en effet qu'en composant le pas entier, tantôt de sept, tantôt de quatorze branches, toutes choses égales d'ailleurs, le recul est plus faible dans le second cas que dans le premier, des quantités 0,067, 0,093, 0,002, 0,106. — En passant de dix à vingt branches, les différences sont moins fortes et le recul diminue seulement des quantités 0,049, 0,023, 0,030, 0,020. — La résistance directe des bords des ailes doit tendre à diminuer la variation du recul provenant du fractionnement du pas, et il y a lieu de penser que cette variation atteint son terme pour un nombre de branches qui ne va guère au-delà de vingt.

Quelques mécaniciens ont cru obtenir de l'eau une résistance plus grande, en enveloppant la vis d'un tambour fixe ou mobile. Nous avons fait cette expérience sur les vis C_1, C_2, et l'addition d'un tambour mobile nous a donné une augmentation de recul, par suite de l'augmentation du frottement longitudinal. Il arrivait sans doute en même temps que le frottement du tambour dans le sens du mouvement de rotation donnait lieu à un surcroît de perte de travail.

Les expériences dont les résultats sont rassemblés dans le troisième tableau synoptique, avaient pour but d'évaluer l'influence exercée sur le recul, par la diminution du nombre des branches employées pour former la vis, et par la diminution de la longueur de chacune de ces branches dans le sens de l'axe. On peut voir que le recul a augmenté un peu plus par suite de la première diminution, que par suite de la seconde.

Des expériences ont été faites sur les vis A et B modifiées, et l'on a espacé tantôt également, tantôt inégalement, les branches qui servaient à former ces propulseurs. On a observé dans le second cas une augmentation de recul de 0,039 pour A_2, de 0,043 pour B_5, de 0,015 pour B_4, de 0,012 pour B_3, etc... Ces augmentations de recul sont dues à l'influence nuisible exercée mutuellement par les branches, lorsqu'elles ne sont pas assez écartées les unes des autres.

Le tableau des expériences faites avec des vitesses variables, nous montre en général le recul augmentant un peu lorsque la force motrice et la vitesse de rotation diminuent d'une quantité considérable. Un petit nombre de ces expériences donnent des résultats contraires; mais ces anomalies apparentes et légères peuvent être attribuées en partie à l'influence du balancement de la yole lorsque la vitesse de rotation est assez grande.

Pour évaluer cette influence, on s'est servi de la vis C, qui, expérimentée sur la première face, a donné un recul de 0,307, et le même jour on a fait tourner cette vis par deux hommes seulement, de manière à éviter les balancements de roulis. Le recul obtenu a été de 0,288; c'est-à-dire plus faible de 0,019 que le recul trouvé en faisant tourner les manivelles avec la vitesse maximum. La même expérience faite sur la vis α n'a donné qu'une différence insensible.

La vase qui s'était attachée à la carène en fer de la yole pendant un repos d'une quinzaine de jours dans la gare d'Indret, a augmenté les reculs des vis δ, λ, de 0,033 et 0,024. On n'a repris les expériences qu'après avoir fait disparaître cette cause d'erreur.

Nous nous sommes abstenus de considérer la force motrice développée et la vitesse atteinte, parce que la force motrice développée par les hommes est un élément beaucoup trop variable que nous n'avions aucun moyen exact de mesurer, et parce que la vitesse atteinte par la yole dépendait de la force motrice dépensée, en même temps que du recul; nous devons remarquer cependant que les vis ayant 1,75 pour valeur de I, ont toutes, à l'exception de la vis m, donné des vitesses plus considérables que les vis pour lesquelles on avait $I = 1,25$. Or, ici le frottement de l'eau sur le propulseur est très-petit et ne fait perdre qu'une faible partie de la force motrice; tandis que sur de grands navires ce frottement augmente rapidement avec la vitesse des parties frottantes, et enlève une partie notable du travail de la machine. Ce rapport $I = 1,25$ qui diffère peu de celui de la vis Smith, doit donc être encore plus désavantageux pour de grands navires, et nous achèverons de prouver plus loin, par par une discussion plus étendue, qu'il doit être abandonné dans la plupart des cas pour un rapport plus élevé.

Telles sont les principales remarques amenées naturellement par un examen superficiel des résultats de nos expériences. D'autres conséquences découleront encore de l'étude plus approfondie que nous allons en faire dans la seconde partie de ces recherches, en même temps que nous préciserons davantage les conséquences que nous venons déjà d'en tirer.

Nous arriverons alors à calculer toutes les circonstances de la propulsion par la vis, au moyen de formules basées sur nos expériences et vérifiées par leur application aux bâtiments à vis sur lesquels on a des données un peu sûres. — C'est au moyen de l'une de ces formules, que nous avons introduit dans les tableaux synoptiques une colonne renfermant les reculs calculés ; et l'accord de cette formule avec l'expérience est assez remarquable, toutes les fois que l'influence de la résistance des rayons du tambour ne vient pas jeter la perturbation dans les résultats.

FIN DES RECHERCHES EXPÉRIMENTALES.

DEUXIÈME PARTIE.

RECHERCHES THÉORIQUES.

§ Ier. — DE LA PROPULSION DES NAVIRES EN GÉNÉRAL.

L'ÉTUDE spéciale des machines à vapeur apprend à les construire dans des conditions telles, que le travail mécanique utile qu'elles développent soit le plus grand possible relativement à leur dépense de combustible.

L'application de ce travail utile à la propulsion des navires ne peut se faire sans l'emploi d'intermédiaires donnant lieu à des pertes de travail; et le but principal que nous nous proposerons en traitant de la propulsion, sera de donner les moyens de réduire la somme de ces pertes à un minimum.

On appelle improprement perte de force, et nous appellerons perte de travail, toute dépense de travail mécanique étrangère à la résistance que l'on se propose de vaincre. Ainsi, l'application d'une machine à un navire a généralement pour but d'utiliser certains agents de la nature appelés *moteurs*, pour vaincre la résistance que l'eau oppose au mouvement du navire dans le sens de la quille, et tout mouvement imprimé à des molécules d'eau n'opposant par leur position aucun obstacle à la marche du navire, donne lieu à un travail résistant nuisible, et par conséquent à une perte de travail mécanique. — Cette perte ou ce travail nuisible est égal à la demi-somme des forces vives imprimées à chacune des molécules déplacées, multipliée par la gravité, et nous savons que l'on entend par force vive d'un corps le produit de sa masse par le carré de sa vitesse.

Désignons par P le travail mécanique disponible développé par la machine lorsque le mouvement est devenu uniforme. Ce travail est alors constamment absorbé par les résistances utiles et nuisibles que nous allons examiner successivement.

La proue du navire déplace à son passage les molécules d'eau voisines et leur imprime certaines vitesses dans les directions différentes. Le produit de la gravité par la demi-somme des forces vives imprimées à ces molécules est égal au travail dépensé à creuser ainsi le sillon du navire, et ce travail résistant utile absorbe une certaine partie R' du travail disponible P. En même temps, la poupe se dérobant à la pression du liquide, il se forme à l'arrière un vide aussitôt rempli par l'eau qui afflue avec une certaine vitesse, et le mouvement n'est imprimé à ces molécules d'eau, qu'aux dépens du travail disponible dont une seconde partie R'' est absorbée par l'inertie de ces molécules et leur frottement mutuel.

Enfin, le frottement des côtés du navire dont nous représentons le travail par F' entraine également un certain nombre de molécules liquides, et la dénivellation de l'eau à la proue et à la poupe donne lieu à une quatrième partie D du travail résistant utile $R = R' + R'' + F' + D$.

Réduire à un minimum la valeur de R pour un bâtiment dont le poids est connu, et pour une vitesse déterminée, tel est un des problèmes les plus importants que la science de l'architecture navale apprend à résoudre. Pour que cette valeur de R soit un minimum, il faut : 1° que la dénivellation soit la plus faible possible; 2° que les formes de la carène du navire soient telles que son passage à travers le liquide imprime le moindre mouvement au moindre nombre de molécules.

Le travail résistant nuisible est dû à deux causes :

Le propulseur agit sur un point d'appui dans un sens quelconque et produit une réaction dans le sens de la quille; si le point d'appui ne cède pas et si on néglige les frottements et les chocs, il n'y a pas de travail perdu, car il n'y a aucun mouvement imprimé à des corps étrangers; mais si le point d'appui cède, et c'est le cas qui se présente dans le mouvement à travers les liquides, il y a déplacement des molécules du milieu, et absorption dans ce mouvement d'une partie Q du travail disponible de la machine. Q est encore égal à la gravité multipliée par la demi-somme des forces vives des molécules déplacées.

Enfin, si nous appelons F le travail absorbé par le frottement de l'eau sur la surface du propulseur, le travail résistant nuisible, ou la perte totale de travail sera $Q + F$, et le travail disponible P sera égal à $R' + R'' + F' + D + Q + F$.

Le problème général à résoudre dans la propulsion des navires consiste à rendre la valeur de $Q + F$ un minimum. La première de ces deux quantités ne dépend nullement du sens dans lequel les molécules d'eau sont déplacées par le propulseur; mais le bâtiment ne peut avancer qu'en vertu de la réaction du point d'appui : il est donc indispensable que le choc donne lieu à une composante dans le sens de la quille. Dès l'instant où cette composante existe, le mouvement du navire a lieu, et la valeur absolue de la perte de travail due au déplacement du point d'appui ne dépendant uniquement que de la somme des forces vives des molécules déplacées, on doit se proposer, non pas d'obtenir des forces de réaction dirigées autant que possible dans le sens de la quille; mais d'arriver au moindre déplacement du milieu qui sert de point d'appui.

Il est évident dès lors, que tout propulseur qui agit sur le liquide par un choc normal à sa surface, a par cela même un désavantage marqué sur celui qui agit obliquement et par pression *. La roue à aube et la vis nous donnent un exemple de ces deux modes d'action. Le premier propulseur choque l'eau brusquement à son entrée, la soulève à sa sortie, et agit toujours dans une direction normale à la surface de la pale. La somme des forces vives des molécules déplacées doit alors atteindre son maximum. La vis au contraire agit dans une direction très-oblique à sa surface, et nous montrerons plus loin que dans cette circonstance, la résistance de l'eau se rapproche de celle offerte par les corps

---

* L'idée contraire prévaut chez les personnes qui n'ayant pas de notions précises sur le travail mécanique des machines, voient des pertes de travail partout où la force motrice n'agit pas exactement dans la direction de la résistance à vaincre. — Cette même erreur a fait croire pendant longtemps à une perte de force résultant de l'emploi des manivelles dans les machines à vapeur, et a conduit, en Angleterre surtout, à la construction d'un grand nombre de machines rotatives qui n'ont eu aucun succès.

solides. — La valeur du travail perdu par le déplacement du point d'appui ou par ce que nous appellerons le *recul*, est donc généralement beaucoup plus faible dans la vis que dans la roue à aube. Le frottement du propulseur hélicoïde, à égalité de surface, est à la vérité plus considérable que celui du propulseur à aube, mais il nous sera facile de montrer au moyen des résultats de nos expériences, que la surface de la vis et son frottement peuvent être extrêmement réduits, sans qu'il en résulte une augmentation notable du recul.

Nous bornerons à ces simples indications générales, tout parallèle entre ces deux moyens de propulsion, dont l'un a atteint son plus haut degré de perfection, tandis que l'autre en est encore à ses premiers essais; mais s'il ressort de cette discussion et des développements dans lesquels nous allons entrer, que celui-ci met en jeu des propriétés nouvelles du milieu dans lequel il est plongé, et si toutes les objections que son adoption soulève roulent sur des questions pratiques secondaires et sur des difficultés d'exécution, il est évident que la force des choses et le progrès rapide des arts mécaniques doivent tôt ou tard, et bientôt peut-être, faire remplacer la roue à aube par la vis, non-seulement pour lutter contre le vent et la mer pendant des traversées pénibles, mais encore pour atteindre de grandes vitesses dans les circonstances de mer le plus favorables.

Le soin qui doit nous occuper maintenant est d'amener la vis à son plus haut degré de perfection, non pas en augmentant le nombre de ces propulseurs patentés, proposés par leurs inventeurs pour servir aux bâtiments de toutes formes et de toutes grandeurs; mais en étudiant avec attention l'influence de chacune des proportions et des dimensions de la vis, et les rapports nécessaires entre celles-ci et la force et la nature du navire et de la machine.

L'idée qui nous dirigera dans les améliorations que nous aurons à proposer ensuite sera la substitution de la pression au choc. On sait, en effet, tous les avantages que la mécanique industrielle a retirés de l'application d'une idée à laquelle nous devons déjà la *turbine* et la roue à aube de M. *Poncelet*, c'est-à-dire les machines les plus perfectionnées sous le rapport de l'emploi économique de la force motrice. La nécessité de diminuer le frottement nous amènera aussi à n'employer dans certains cas, qu'une faible partie du pas entier de la vis, et nous arriverons alors à proposer l'emploi de propulseurs ayant une analogie frappante avec les ailes de moulin à vent, que Coulomb nous donne comme un des instruments les plus perfectionnés employés dans les arts mécaniques, et qui sont placés dans des conditions assez semblables à celles des propulseurs sous-marins.

Avant d'abandonner ces notions générales pour examiner de plus près les propriétés de la vis, nous ne devons pas omettre de parler d'un fait dont l'existence, malgré son impossibilité évidente, a été avancée par quelques personnes, de manière à mériter une réfutation sérieuse.

On lit par exemple dans le compte-rendu des expériences du *Napoléon*, inséré dans les *Annales Maritimes* du mois de septembre 1844, que le courant d'eau qui se précipite pour remplir le vide laissé à l'arrière du navire, agit sur la vis avec assez d'énergie pour faire avancer le navire avec une plus grande vitesse que si la vis tournait dans un écrou solide; et cependant on ne peut même admettre que le navire avance avec une vitesse exactement égale à celle qui résulterait de cette hypothèse. — Admettons en effet que la résistance postérieure R'' soit nulle; il y aura toujours un recul et une perte de travail due à la réaction de la résistance antérieure R'. — Introduisons maintenant la résistance postérieure. — Il est bien vrai qu'une partie de la force vive des molécules entraînées se convertit de nouveau en travail mécanique utile, lorsque ces molécules viennent à choquer le propulseur; mais malgré cette restitution partielle, la résistance du navire est augmentée et le recul doit être plus fort que dans le cas précédent où il n'était pas nul. — Il est certain que l'eau est légèrement entraînée dans le remous du navire, et quelques-unes de nos expériences prouvent que l'angle du choc des filets liquides sur les filets héliçoïdes du propulseur peut être augmenté par ce fait de quelques degrés; mais cet entraînement est loin d'avoir l'importance que l'on a voulu lui attribuer. — On a cité les remous produits en aval des culées des ponts; on aurait dû observer aussi que l'angle de la poupe fluide formée derrière ces culées est, par les plus forts courants, moins aigu encore que l'angle formé par les lignes d'eau de l'arrière des navires à vapeur, et que par conséquent le remous produit par ceux-ci ne peut être que très-faible. — En outre, et en raison même de ces formes effilées, la direction du liquide qui vient remplir le vide laissé à l'arrière doit être surtout dirigée perpendiculairement à la quille, excepté dans le sillage du gouvernail. — On ne peut donc attribuer qu'à des erreurs dans les dimensions de la vis, l'énoncé de faits aussi contraires aux lois de la mécanique.

§ II. — MODE D'ACTION DE L'HÉLIÇOÏDE.

Nous ne traiterons ici que des propulseurs héliçoïdes, jouissant comme les conoïdes de cette importante propriété, que dans leur mouvement de rotation autour de l'axe longitudinal, chacun de leurs filets choque l'eau dans un sens favorable à la marche du navire en avant ou en arrière, suivant le sens du mouvement de rotation.

Pour plus de simplicité, nous ne considèrerons d'abord que l'héliçoïde régulier dont nous avons donné la définition dans la première partie de nos recherches.

Cette surface étant engendrée, si on imagine une série de cylindres infiniment rapprochés et ayant pour axe commun celui de l'héliçoïde, ils intercepteront sur cette surface une série de bandes ayant une largeur infiniment petite et que nous appellerons *filets élémentaires*; et chacun de ces filets pourra aussi être considéré comme composé d'éléments plans faisant tous un même angle avec une parallèle à l'axe. Les intersections des surfaces héliçoïdes et cylindriques détermineront des hélices ayant toutes le même pas que la directrice.

Si on développe sur un plan chacun de ces cylindres, les hélices tracées ainsi sur leurs surfaces se développeront suivant les hypothénuses CD, CF, CB (*fig. 2*), de triangles rectangles dont la hauteur commune sera la hauteur AC du pas, et dont les bases AD, AF, AB seront les développements des circonférences des bases des cylindres.

Les inclinaisons des hélices sur des parallèles à l'axe s'obtiennent donc par des constructions faciles, et ces inclinaisons mesurent celles des filets élémentaires.

Un propulseur étant formé de surfaces héliçoïdes et fixé dans l'eau sur un arbre parallèle à la quille, si on donne à cet arbre un mouvement rotatif, les éléments des surfaces propulsantes choqueront obliquement le liquide, et les composantes du choc dirigées parallèlement à la quille, pousseront le navire en avant ou en arrière, suivant le sens du mouvement de rotation. Si la vis tournait dans un écrou solide, chacun de ses tours ferait avancer le navire d'une longueur de pas; mais l'eau cède à l'effort de la pression, et le navire au lieu d'avancer de la quantité AC pendant un tour de la vis, n'avance que de la quantité AE. La différence CE entre ces deux quantités est la perte de vitesse pendant un tour qui est égal à $\frac{E}{n}$ *, et le rapport de CE à CA, le même que celui de E à V_1, est aussi égal à ρ.

Chacun des filets de l'héliçoïde est animé de deux mouvements; le premier est un transport horisontal commun à tout le navire, le second est un mouvement rotatif particulier au propulseur; mais il nous est permis d'attribuer à l'eau ce double mouvement, et de supposer le propulseur fixe recevant le choc du liquide dont les molécules décrivent une série d'hélices ayant AE pour hauteur commune du pas et tracées sur des cylindres concentriques.

Ces hélices se développent suivant les lignes ED, EF, EB, et les angles EDC, EFC, EBC sont les angles d'incidence sous lesquels les filets élémentaires sont choqués par les molécules d'eau.

Il nous est facile de calculer ces angles et de déterminer leur limite dès l'instant où nous connaissons la valeur ρ du recul, et la valeur θ de l'inclinaison du filet que nous considérons sur la circonférence de la base. Posons pour plus de simplicité $\delta = 1 - \rho$, et soit α l'angle cherché ABC, AC $=$ H, ABE $= \theta_1$.

Nous aurons AE $=$ Hδ, $\mathrm{tg}\,\theta_1 = \dfrac{H\delta}{AB}$, $\mathrm{tg}\,\theta = \dfrac{H}{AB}$;

$$\mathrm{tg}\,\alpha = \mathrm{tg}\,(\theta - \theta_1) = \frac{\mathrm{tg}\,\theta - \mathrm{tg}\,\theta_1}{1 + \mathrm{tg}\,\theta \times \mathrm{tg}\,\theta_1} = \frac{H(1 - \delta)}{AB\,(1 + \delta\,\mathrm{tg}^2\theta)} = \mathrm{tg}\,\theta\,\frac{1 - \delta}{1 + \delta\,\mathrm{tg}^2\theta}.$$

La valeur de δ étant toujours plus petite que l'unité tant qu'il y a un recul, l'angle d'incidence α a toujours une valeur positive, quelle que soit la valeur de θ, comprise entre 0° et 90°. — Cette propriété appartient essentiellement aux surfaces héliçoïdes.

L'angle α est nul si $\delta = 1_1$, c'est-à-dire si le recul est nul. Il est nul aussi lorsque $\theta = 90^\circ$, c'est-à-dire lorsqu'il exprime l'angle d'incidence du liquide sur les filets infiniment rapprochés de l'axe. En s'éloignant vers les bords, l'angle d'incidence augmente jusqu'à un certain point où il atteint son maximum; il diminue ensuite en même temps que θ, et ne devient nul que lorsque $\theta = 0^\circ$.

Pour calculer la valeur de ce maximum, mettons la valeur de $\mathrm{tg}\,\alpha$ sous la forme $\mathrm{tg}\,\alpha = \dfrac{\rho\sin\theta\cos\theta}{1 - \rho\sin^2\theta}$ et égalons à zéro la différentielle de cette équation, il nous viendra $\mathrm{tg}^2\theta = \dfrac{1}{1 - \rho}$; et le maximum de α aura lieu pour la valeur de θ donnée par l'équation $\mathrm{tg}\,\theta = \sqrt{\dfrac{1}{1 - \rho}}$, d'où il résulte pour α une valeur maximum telle que $\mathrm{tg}\,\alpha = \dfrac{\rho}{2\sqrt{1 - \rho}}$.

Ce résultat nous prouve que le filet qui reçoit l'eau sous le plus grand angle d'incidence est celui qui touche l'axe lorsque le navire n'avance pas, auquel cas le recul est égal à l'unité; que ce filet s'éloigne de l'axe à mesure que le recul diminue, et que son inclinaison sur la circonférence de la base ne descend jusqu'à 45° que lorsque le recul est infiniment petit.

---

* Voir les définitions au commencement de la première partie.

Si le recul est égal à un quart, ce qui est une des plus grandes valeurs observées sur les bâtiments, on trouve 8° 13′ pour le maximum de la valeur de α, et si le recul est égal à un cinquième, ce qui est la valeur ordinaire, α ne dépasse pas 6° 23′, et son maximum à lieu pour $\theta = 48° 11′$.

Tels sont du moins les résultats que nous fournit la théorie.

Nos expériences sur quelques vis à directrice courbe tendent à modifier légèrements ces résultats. On observe, en effet, que l'angle formé par la tangente à l'extrémité antérieure de la directrice avec sa corde étant plus grand que l'angle d'incidence calculé comme on vient de l'indiquer, il en résulterait pour ces vis un choc nuisible, tandis qu'au contraire elles ont donné les meilleurs résultats. Il y a donc lieu de penser que l'angle donné par la théorie est trop faible de quelques degrés à la partie antérieure du propulseur, et cette différence peut être attribuée au léger remous produit par l'arrière du navire.

On peut néanmoins conclure de tout ce qui précède, que l'angle d'incidence des filets liquides sur les filets du propulseur n'est guères en moyenne que de quatre à cinq degrés, et que par conséquent on ne doit pas appliquer de prime abord à ce cas particulier les lois générales de la résistance des fluides, sans examiner auparavant si la très-grande obliquité du choc n'apporte pas des modifications essentielles aux lois déduites d'observations faites sur des angles d'incidence assez grands. Nous entreprendrons cet examen dans un autre paragraphe.

Suivons maintenant le filet liquide qui a choqué l'héliçoïde régulier à génératrice droite et qui, pressé sur cette surface par le mouvement du milieu, tend à rester dans le plan normal mené par sa direction primitive. Il suit l'intersection de l'héliçoïde et de ce plan normal, c'est-à-dire un élément d'hélice, et en vertu du mouvement héliçoïde attribué à tout le milieu, il continue à glisser sur la surface du propulseur en suivant une hélice, jusqu'à ce qu'il s'échappe à la partie postérieure. — Le nouveau milieu dans lequel entre le filet liquide à sa sortie du cylindre enveloppant le propulseur, ne doit être considéré que comme animé d'un mouvement de translation longitudinal, en sens contraire de la vitesse réelle du navire; tandis que le filet liquide entre dans ce milieu avec un mouvement composé de son mouvement longitudinal sur la surface du propulseur, du mouvement rotatif et du recul de celui-ci : la force vive des molécules de ce filet liquide va s'éteindre ensuite par des tourbillons à l'arrière du navire.

Ainsi, par exemple, si le recul est nul, la molécule d'eau arrivée en C aura pendant un tour de la vis parcouru CB; tandis qu'en vertu du mouvement rotatif le point B sera venu en A. La molécule C n'aura donc marché qu'en vertu du mouvement de translation lonngitudinal, et l'action de la vis ne l'aura nullement dérangée. Les tourbillonnements de l'eau doivent donc s'anéantir complètement lorsque le recul est nul, ce qui est conforme aux principes énoncés dans le paragraphe précédent. Si le recul n'est pas nul, le chemin parcouru sur le propulseur, par une molécule, pendant un tour, est moindre que CB; il est CG par exemple, et si l'on prend $GI = AB$ pour représenter le chemin parcouru par le propulseur en vertu de son mouvement rotatif, et IK égal au recul, on voit (en attribuant ici le mouvement rotatif et de recul au propulseur, et le mouvement de translation longitudinal au liquide) qu'après un tour du propulseur la molécule partie de C sera arrivée en K. Si au contraire l'on suppose le liquide en repos, et si, rentrant dans la réalité, on attribue au navire le mouvement de translation longitudinal, la molécule A aura été portée de A en K pendant un tour; elle aura à sa sortie du propulseur choqué les molécules voisines du milieu, et bientôt son mouvement se sera anéanti en vertu de l'inertie de ces molécules *.

Mais si un second propulseur placé derrière le premier a ses ailes inversement inclinées et tourne dans un sens contraire, il utilisera pour la propulsion la force vive dont sera animée la molécule dirigée suivant AK', et le travail perdu par le propulseur antérieur sera ainsi restitué en partie par le propulseur postérieur **.

Après avoir suivi les filets liquides dans leur marche sur le propulseur, étudions leur mode d'action, et pour cela considérons uniquement d'abord tous les filets compris entre deux cylindres concentriques infiniment rapprochés. Il paraît évident que les circonstances du choc et de la pression seront absolument les mêmes que si on supposait développée sur un plan, cette tranche annulaire infiniment mince comprenant à la fois les filets liquides et un filet élémentaire du propulseur.

On est ramené ainsi à la considération plus simple du choc de l'eau sur une surface plane. Nous croyons, en effet, et l'accord des résultats de nos expériences avec les conséquences de cette hypothèse, nous confirme dans cette opinion, que toutes les circonstances de l'action des propulseurs héliçoïdes peuvent être calculées en assimilant les filets héliçoïdes à des éléments de surfaces planes ou cylindriques, suivant la nature de la directrice, et en n'attribuant aux filets liquides qu'un mouvement rectiligne.

La première conclusion à tirer de cette manière d'envisager la question, est que la forme de directrice du propulseur a sur la résistance de celui-ci, la même influence qu'exerce sur une surface choquée par un liquide, la nature de l'intersection de cette surface par un plan normal mené suivant la direction des filets choquants. Cette influence est très-sensible, et nous voyons en effet les vis C_1, C_2, etc., donner de très-grandes différences dans leurs reculs lorsque l'on présente au choc, soit la face concave, soit la face convexe, ou que l'on redresse leur directrice.

En second lieu, si nous nous occupons des surfaces héliçoïdes à génératrice courbe, ou ce qui revient au même, engendrées par une droite inclinée sur l'axe, nous voyons que les filets liquides ne restent pas sur le même filet héliçoïde. Vers les bords extérieurs du propulseur celui-ci tourne vers l'axe sa partie choquée ***, et le filet liquide tendant à rester dans le plan normal s'incline légèrement vers le centre : là, au contraire, et pour la même cause, les filets liquides tendent à s'éloigner de l'axe; mais ils sont animés d'une moindre force vive que ceux qui convergent vers le centre. Il y a donc affluence de l'eau vers le milieu du propulseur avec d'autant plus d'abondance, que la courbure de la génératrice est plus prononcée. C'est là le seul effet notable auquel donne lieu l'emploi d'une génératrice courbe, et rien ne prouve que cet effet soit favorable. Les expériences faites sur les vis B_7, B_8, nous montrent au contraire une augmentation du recul de 0,047, provenant de l'emploi de génératrices dirigeant l'eau vers le centre à cause de leur obliquité.

---

* KK' est égal à la perte de vitesse CE , ou à IK.

** Cette observation n'avait pas échappé à M. Ericson, qui sur le *Francis-Ogden* et sur quelques autres de ses premiers bâtiments, avait installé deux roues concentriques tournant en sens contraire l'une de l'autre. — On ignore les motifs qui l'ont fait renoncer à ce système.

*** C'est toujours la face concave que l'on présente au choc du liquide.

Les expériences sur les vis Φ_3, Φ_4 dans de semblables conditions ont donné sensiblement le même résultat, soit que l'eau fut ramenée vers le centre, soit qu'elle fut déversée à l'extérieur. Enfin, en passant de Ω à Ω_1, le recul a augmenté de 0,075, et la seconde vis avait une génératrice courbe avec une directrice droite, tandis que la première avait une directrice courbe avec une génératrice droite.

On citerait en vain en faveur de la génératrice courbe les expériences faites sur la première vis du *Napoléon*; nous verrons plus loin, à propos des expériences de ce navire, que l'augmentation de résistance présentée par cette vis tenait surtout à ce que son pas avait une longueur plus grande que celle des vis qui ont été employées ensuite.

Pour justifier d'une autre manière l'emploi d'une génératrice courbe, on s'est plû à exagérer l'influence de la force centrifuge, écartant les molécules de l'axe, pour les déverser à l'extérieur par la périphérie du propulseur. Cette force n'existe cependant qu'en vertu du mouvement rotatif imprimé aux molécules d'eau par la pression du propulseur et par son frottement. Lorsque l'angle d'incidence de l'eau sur le propulseur est très-petit, ce qui est le cas le plus général, la vis passe à travers le milieu sans donner de mouvement rotatif bien considérable aux molécules sur lesquelles elle s'appuie, et la vitesse transversale que ces molécules doivent à la force centrifuge, ne peut être que très-faible relativement à la vitesse longitudinale du propulseur.

Mais si l'angle d'incidence de l'eau sur le propulseur vient à augmenter, l'action de cette force doit devenir plus sensible et le déversement de l'eau doit commencer à s'opérer par les bords extérieurs du propulseur, en vertu de cette force et en vertu de la tendance de l'eau à s'échapper par le chemin le plus facile. — Une génératrice courbe doit alors augmenter la résistance, et nous comprenons que M. Taurines soit arrivé à constater ce résultat en faisant tourner des vis dont l'axe restait immobile. Mais les expériences de ce professeur ne peuvent trouver leur application à la vis employée comme moyen de propulsion des navires, parce qu'elles sont faites dans des circonstances qui ne se retrouvent que rarement dans la pratique.

Enfin, pour enlever tout sujet de doute à l'égard du mouvement des molécules d'eau sur la vis, nous ne pouvons mieux faire que de citer les expériences du général russe Sabloukof, rapportées dans l'ouvrage de Galloway.

On lâchait de la fumée autour d'une vis de deux pieds de diamètre, tournant dans l'air à différentes vitesses. « Le mouvement du fluide était ainsi rendu visible à l'œil, et on pouvait observer quelques » phénomènes intéressants parmi lesquels les suivants :

» 1° Quand la fumée était lâchée à l'extrémité antérieure de la vis en un point quelconque voisin de » son pourtour, elle était attirée vers la vis et ramenée à l'autre extrémité;

» 2° Quand la fumée était introduite vers le pourtour de l'autre extrémité, elle était rejetée en » arrière, ce qui indiquait qu'un mouvement centrifuge était imprimé au courant;

» 3° Quand la fumée était introduite à la partie antérieure près de l'axe, elle courait parallèlement à » celui-ci, ou du moins ne semblait animée d'aucun mouvement circulaire. »

Les mots de force centrifuge sont bien répétés dans cette citation; mais on ne trouve aucun vestige du mouvement transversal que cette force tend à imprimer, puisque la fumée lâchée à la partie antérieure de la vis a constamment marché vers la partie postérieure sans s'écarter de l'axe.

§ III. — DE LA RÉSISTANCE DE L'EAU SOUS DES ANGLES TRÈS-AIGUS.

Un grand nombre d'expériences ont été faites à différentes époques sur les résistances des fluides ; mais le plus souvent en contradiction les unes avec les autres, ces expériences n'ont pas permis d'établir une loi précise qui servît à calculer les résistances sous tous les angles et à les exprimer par une formule. Les expériences de Vince sur des plans mus circulairement, ne descendent pas au-dessous de 10° ; celles de Bossut sur des proues aiguës, s'arrêtent à 6°. La loi de la proportionnalité de la résistance au carré du sinus de l'angle d'incidence se vérifie assez exactement pour de grands angles ; mais son exactitude diminue avec leur grandeur. Nous manquons d'expériences sur les angles plus petits que 6°, c'est-à-dire sur les inclinaisons de l'eau qui ont généralement lieu dans le mouvement normal des propulseurs héliçoïdes. A leur défaut, nous allons examiner quelques phénomènes naturels dont l'analogie avec ceux qui se présentent dans la propulsion par la vis, ne sera pas difficile à saisir.

Les corps lancés avec une grande vitesse, obliquement à la surface de l'eau, rejaillissent comme s'ils avaient frappé une surface élastique : le même effet est produit par les surfaces planes lancées avec une vitesse médiocre, et quelques autres faits de cette nature semblent nous indiquer que la résistance oblique de l'eau peut, dans certains cas, atteindre une valeur très-considérable. Cette opinion se trouve pleinement confirmée par les investigations auxquelles nous allons nous livrer sur le phénomène de la dérive des bâtiments.

S'il fallait donner une théorie de la dérive d'après les auteurs qui en ont traité et d'après les notions vulgairement répandues, on l'exposerait ainsi :

L'effort du vent sur les voiles, produit une composante normale à leur surface, et qui agit comme force motrice pour faire avancer le navire. Cette force se décompose elle-même en deux autres, dont l'une, parallèle à la quille, produit la vitesse directe, et dont l'autre, perpendiculaire à la quille, produit la vitesse latérale ou la dérive. Si l'on représente par B la surface du maître couple, par K son coefficient de résistance, par V sa vitesse directe, par B′ la section longitudinale, par K′ son coefficient de résistance dans le sens latéral, par V′ la vitesse latérale, par P la force motrice, et enfin par m l'angle de cette force avec la quille, on aura $P\cos m = KBV^2$, $P\sin m = K'B'V'^2$. Soit n l'angle de la dérive, on aura $\tang^2 n = \dfrac{V'^2}{V^2} = \dfrac{KB}{K'B'} \times \dfrac{P\sin m}{P\cos m} = \dfrac{KB}{K'B'} \tang m$ (fig. 6).

D'après cela, l'angle de la dérive pour le même navire, ne doit dépendre uniquement que de l'angle m ; il doit varier constamment avec lui et ne peut jamais être nul à moins que cet angle m ne soit nul aussi.

Cette théorie est complètement en contradiction avec les faits.

Tous les marins savent que la dérive diminue constamment à mesure que la vitesse du navire augmente, et qu'elle devient quelquefois nulle, même au plus près, lorsque par une belle mer le navire atteint une vitesse de sept à huit nœuds. Il savent aussi que la vitesse du navire restant la même, la dérive diminue très-rapidement lorsque le vent hâle un peu l'arrière, et qu'elle disparaît quelquefois totalement lorsque les vergues font encore avec la quille un angle assez grand. Dans la plupart de ces cas, la dérive n'est pas plus appréciable par une observation d'un instant que par celle d'une longue route. Cependant la composante latérale de la force motrice existe toujours, et si son effet est devenu inappréciable, cela ne peut tenir qu'à une augmentation de la résistance latérale en raison inverse de l'obliquité de la force motrice.

Les faits que nous signalons n'avaient pas échappé à Bourdé de Villehuet, qui s'exprime de la sorte dans son *Dictonnaire des Termes de Marine* : « L'expérience nous apprend qu'un vaisseau, quel » qu'il soit, orienté au plus près du vent et autant que la disposition de son gréement puisse le per- » mettre, dérive d'une certaine quantité, lorsqu'il serre le vent le plus possible. Si ce navire quitte » ensuite le plus près pour courir largue, sans changer l'obliquité de ses voiles avec la quille, il est » évident que sa vitesse augmentera dans le rapport de l'augmentation du sinus de l'angle d'incidence » sur les voiles; mais la dérive n'est plus la même, quoique l'obliquité des voiles n'ait pas changé, et » que les mêmes parties doivent être choquées par l'eau si la dérive ne diminuait pas;..... d'où il suit » nécessairement qu'elle n'est pas en raison du plus ou moins d'obliquité des voiles avec la quille dans » le même navire, comme nous l'ont enseigné tous les auteurs qui en ont traité, et à qui l'expérience » manquait totalement sur cette partie essentielle de la théorie nautique. » Et plus bas on lit encore : « La dérive diminue à proportion que l'accélération du sillage augmente, parce que l'eau ré- » siste de plus en plus sur le côté et davantage que dans le sens direct, de manière que le vaisseau » trouvant, à mesure que le vent augmente de force, plus de résistance latéralement que directement, » il suit que l'*eau résistant à la manière des solides*, quand elle est choquée avec la plus grande vi- » tesse, elle oppose une beaucoup plus grande résistance sur le côté que sur la proue. »

Une expérience très-simple, et que nous avons faite au moyen de la yole à hélice, sert encore à établir l'augmentation du coéfficient de résistance lorsque le choc a lieu sous un très-petit angle.

Soit AB (*fig.* 7), la direction d'une chaussée parallèlement à laquelle le canot est placé en O; supposons d'abord que ce canot se meuve suivant OI parallèlement à cette chaussée, et qu'au bout d'un certain temps, par l'action d'un vent du travers, il ait dérivé de I en K; si pendant le même temps on le laisse ensuite immobile en O, auquel cas le même vent l'aura fait dériver dans une direction per- pendiculaire à sa quille, il sera facile de voir que le canot aura dérivé d'une quantité beaucoup plus considérable que IK.

Enfin, les expériences de Bossut sur des proues aiguës, nous montrent les résistances sous de petits angles devenant quarante fois plus grandes que leur valeur calculée d'après la loi du carré des sinus.

Ces faits peuvent s'expliquer de la manière suivante : supposons le corps AB poussé suivant une direction NO perpendiculaire à sa plus grande longueur; les molécules voisines prendront d'abord toute la vitesse du corps, et le mouvement se transmettra de proche en proche en s'atténuant. Le corps AB se mouvant toujours dans cette direction rencontrera des couches d'eau déjà ébranlées, tandis que s'il est poussé par une force oblique dans la direction OZ, par exemple, après avoir imprimé une cer- taine force vive aux molécules comprises entre AL et BM, il devra également imprimer une certaine force vive aux molécules situées entre A′L′ et B′M′, et dont une partie n'était pas ébranlée. A mesure que la vitesse et l'obliquité de l'impulsion deviendront plus grandes, les pertes de force vive dues au mouvement latéral augmenteront aussi, et l'on comprend alors qu'avec une certaine vitesse et une certaine obliquité d'impulsion, le mouvement latéral devienne infiniment petit.

On peut se rendre compte de cette manière, de la disparition de la dérive par suite de l'augmentation de la vitesse et de la diminution d'obliquité de la force motrice.

Si les vergues conservant la même inclinaison et le vent halant l'arrière, la dérive disparaît, il faut l'attribuer sans doute à ce que l'effort du vent sur les cordages, les mâts, le navire, prend une direction plus rapprochée de la quille, en même temps que la courbure des voiles se modifie légèrement et change aussi l'inclinaison de la force motrice.

Les mêmes faits que nous observons dans la dérive des bâtiments doivent se reproduire dans le mouvement de la vis.

Le filet héliçoïde BC (*fig.* 2), est en effet pressé par une force motrice dirigée suivant BA, et prend la direction intermédiaire BE si on suppose le navire en mouvement dans une eau tranquille. D'après l'ancienne loi des résistances, la seule qui dans la question qui nous occupe puisse mener à des résultats pratiques, la résistance éprouvée par le filet héliçoïde serait proportionnelle à sa surface, au carré de sa vitesse et au carré du sinus de l'angle d'incidence α. Mais nous avons démontré que pour de petits angles cette valeur devait être beaucoup trop faible. — Les données nous manquent pour l'obtenir avec exactitude, et nous ne pouvons qu'établir une hypothèse, sauf à vérifier ensuite si cette hypothèse est justifiée par l'expérience.

Cette marche ne diffère pas, du reste, de celle que l'on suit généralement dans les sciences physiques, où l'on adopte les théories qui expliquent tous les faits connus, sauf à les modifier ensuite lorsqu'elles se trouvent en contradiction avec de nouvelles expériences ou de nouvelles découvertes.

Nous supposerons donc que le coéfficient de résistance, dans le choc très-oblique, est affecté au dénominateur d'un facteur égal au carré du sinus de l'inclinaison de la force motrice sur la surface résistante; et si on exprime par U la vitesse du liquide choquant le filet, par dS sa surface et par $\varkappa$ un coéfficient constant, on pourra exprimer la résistance normale d'un filet élémentaire de l'héliçoïde sous la forme $\varkappa\, dS U^2\, \dfrac{\sin^2 x}{\sin^2 0}$.

§ IV. — ÉQUATIONS GÉNÉRALES DU MOUVEMENT DE L'HÉLIÇOÏDE DANS L'EAU.

L'action du filet liquide qui vient choquer chacun des éléments plans d'un filet héliçoïde produit deux effets : le premier est une pression normale à cet élément; le second est un frottement dirigé suivant l'hélice qui passe par cet élément. Cette pression et ce frottement peuvent tous deux se décomposer en deux forces, l'une parallèle à l'axe et l'autre perpendiculaire à la première, et située avec elle dans un même plan tangent au cylindre sur lequel est tracé le filet.

Toutes les forces parallèles à l'axe se composeront en une seule, dirigée suivant l'axe, si le filet héliçoïde l'entoure symétriquement et si la pression ou le frottement sont les mêmes sur chaque élément. Dans le cas contraire, où l'héliçoïde n'entourerait pas symétriquement l'axe, et où il n'y aurait pas égalité de pression ou de frottement de part et d'autre, la résultante passerait à côté de l'axe, et le navire tendrait à dévier de la route directe.

Toutes les composantes perpendiculaires à celles dont nous venons de parler, produiront une pression sur l'axe; mais toutes ces pressions donneront une résultante nulle, si le filet héliçoïdal entoure symétriquement l'axe, et si la pression et le frottement sont les mêmes sur chaque élément. Dans le cas contraire, il existera une résultante d'une valeur finie qui tournera en pressant constamment l'axe de rotation ou l'arbre du propulseur, et qui donnera lieu aux trépidations et à l'usure latérale des coussinets.

Nous supposerons le filet héliçoïde symétrique autour de l'axe, et la pression du liquide s'exerçant uniformément sur toute sa longueur. (*fig.* 9) soit B un point quelconque de ce filet, BR une parallèle à l'axe, et BC un élément de l'hélice qui passe par le point B.

Dès l'instant où nous admettons la symétrie du filet et l'égalité des forces qui agissent sur chaque élément, nous pouvons transporter sur l'axe le point B avec toute la figure et supposer, appliquées en ce point : 1° toutes les forces de pression contre les éléments du filet, qui se composeront en une résultante unique F, égale à leur somme et normale à l'élément BC; 2° toutes les forces de frottement réunies également en une seule φ égale à leur somme et dirigées suivant le filet BC; 3° la force accélératrice f qui produit le travail infiniment petit p, pendant un tour, et qui est rapportée perpendiculairement à l'axe; 4° la partie infiniment petite dR de la résistance du navire qui est dirigée suivant l'axe, et qui, lorsque le mouvement est arrivé à l'uniformité, est en équilibre avec les trois autres forces F, f, φ. — Nous établirons alors les équations d'équilibre entre ces quatre forces en les projetant sur les axes rectangulaires BM, BA. — Ces équations seront :

1° En projetant sur BM, $dR = F\cos\theta - \varphi\sin\theta$. (a) ;

2° En projetant sur BA, $f = F\sin\theta + \varphi\cos\theta$. (b).

Nous désignons par θ l'angle ABC, par θ_1 l'angle ABE, par $H = AC$ la hauteur du pas, par $H\delta = AE$ la quantité dont le navire a avancé pendant un tour, par $c = AB$ la longueur de la circonférence dont le rayon est la distance du filet à l'axe, et enfin par ρ le recul conformément aux notations indiquées au commencement de la première partie.

Cela posé, nous obtiendrons une troisième équation en exprimant que le travail élémentaire moteur est égal à la somme des travaux élémentaires résistants. Or, le travail élémentaire moteur est $p = fc$; le travail élémentaire de la résistance du navire est $dR \times H\delta$; le travail de la force F est égal au produit de cette force par la projection sur sa propre direction, du déplacement de son point d'application. Cette projection est Em, et le travail de la résistance du filet est alors $F \times Em$. — On voit de même que le travail du frottement est égal à $\varphi \times Bm$, car Bm est la projection du déplacement d'un point du propulseur sur la direction de la force φ. — L'équation des travaux élémentaires est alors $p = dR \times H\delta + F \times Em + \varphi \times Bm$.

On peut exprimer Bm et Em en fonction de c, H, ρ, δ. En effet, $Em = BE\sin\alpha$, $Bm = BE\cos\alpha$, $\sin\alpha = \sin(\theta - \theta_1) = \sin\theta\cos\theta_1 - \cos\theta\sin\theta_1$, $\cos\alpha = \cos\theta\cos\theta_1 + \sin\theta\sin\theta_1$. Or, $\sin\theta = \dfrac{H}{\sqrt{H^2 + c^2}}$, $\cos\theta = \dfrac{c}{\sqrt{H^2 + c^2}}$, $\sin\theta_1 = \dfrac{H\delta}{\sqrt{H^2\delta^2 + c^2}}$, $\cos\theta_1 = \dfrac{c}{\sqrt{H^2\delta^2 + c^2}}$. On a aussi $BE = \sqrt{H^2\delta^2 + c^2}$. La substitution de ces valeurs nous donne $Em = \dfrac{Hc\rho}{\sqrt{H^2 + c^2}}$, $Bm = \dfrac{c^2 + H^2\delta}{\sqrt{H^2 + c^2}}$. Si on multiplie l'équation (b) par c, et si on remplace fc par p, Em et Bm par leurs valeurs dans l'équation des travaux élémentaires, on aura les trois équations différentielles :

$$dR = F\cos\theta - \varphi\sin\theta,$$
$$p = F c\sin\theta + c\varphi\cos\theta,$$
$$p = dR \times H\delta + F\frac{cH_p}{\sqrt{H^2+c^2}} + \varphi\frac{c^2+H^2\delta}{\sqrt{H^2+c^2}}.$$

Il est facile de voir que ces trois équations se réduisent à deux seulement ; car en retranchant la seconde de la troisième, et divisant par $H\delta$ on retombe sur la première.

Soit n le nombre de tours de la vis par seconde, et P le travail de la machine par seconde, si on multiplie les deux dernières équations par n, et si on les intègre toutes les trois, elles deviendront :

$$(1)\quad R = \int F\cos\theta - \int\varphi\sin\theta ;$$
$$(2)\quad P = n\int F c\sin\theta + n\int\varphi c\cos\theta ;$$
$$(3)\quad P = nRH\delta + nH_p\int\frac{Fc}{\sqrt{H^2+c^2}} + n\int\varphi\frac{c^2+H^2\delta}{\sqrt{H^2+c^2}}.$$

Si à ces trois équations on ajoute les deux autres évidentes par elles-même :

$$(4)\quad R = KBn^2H^2\delta^2$$
$$(5)\quad V = nH\delta$$

KB étant la résistance du navire pour l'unité de vitesse, et V sa vitesse,

on aura cinq équations se réduisant rigoureusement à quatre, qui pourront servir à résoudre tous les problèmes que l'on se proposera sur la vis, lorsque leurs intégrales et leurs coéfficients auront été calculés.

On peut mettre l'équation (3) sous une forme plus simple, en multipliant l'équation (2) par p, en la retranchant de (3) et en observant que $\sin\theta = \frac{H}{\sqrt{H^2+c^2}}$, et $\cos\theta = \frac{c}{\sqrt{H^2+c^2}}$.

Si on substitue en même temps la valeur de R dans les équations (1) et (3), on obtient les trois équations principales que nous emploierons dans nos calculs.

$$(6)\quad KBn^2H^2\delta^2 = \int F\cos\theta - \int\varphi\sin\theta ;$$
$$(7)\qquad\qquad P = n\int F c\sin\theta + n\int\varphi c\cos\theta ;$$
$$(8)\qquad\qquad P = KBn^3H^3\delta^3 + Pp + n\delta\int\varphi\sqrt{H^2+c^2}.$$

La dernière de ces équations mérite une attention particulière. Son premier membre est le travail dépensé par la machine, égal au travail résistant utile $KBn^3H^3\delta^3$ augmenté de deux termes qui représentent les pertes de travail. Le second terme du second membre est égal au travail dépensé multiplié par le recul : il est indépendant du frottement ; c'est donc la perte de travail due au recul.

Le troisième terme est alors la perte de travail due au frottement ; il renferme en effet le frottement élémentaire φ, et il est en même temps directement proportionnel à δ ; c'est-à-dire que toutes choses égales d'ailleurs, le frottement doit croître en même temps que le recul diminue, et proportionnellement à $\delta = 1 - p$.

Pour pouvoir effectuer les intégrations, il est nécessaire de connaître les valeurs des forces élémentaires F, φ. Or, nous avons déjà dit dans le paragraphe précédent que nous adopterions pour valeur de F une expression de la forme $\varkappa dSU^2 \frac{\sin^2\alpha}{\sin^2\theta}$, $\varkappa$ étant un coéfficient que nous demanderions à l'expérience, dS la surface du filet élémentaire, et U la vitesse du liquide.

Remarquons cependant que si on conserve la même dimension transversale à un plan choqué par un liquide dans le sens de sa longueur, et si on diminue successivement cette dernière dimension, la résistance du plan ne doit pas décroître proportionnellement à sa surface. Le choc du liquide est en effet plus considérable en amont où les filets sont brusquement déviés, qu'en aval où ils glissent sur la surface, et la suppression d'une partie de la surface de ce côté n'amène pas une diminution proportionnelle de la résistance. Si donc $\frac{m'}{m}$ représente la fraction du pas employée pour former le propulseur d'une seule branche, auquel cas on a $dS = \frac{m'}{m}\,\frac{dc}{2\pi}\,\sqrt{H^2+c^2}$, la résistance ne variera pas proportionnellement à cette valeur dS ; mais proportionnellement à une expression de la forme $t\,\frac{dc}{2\pi}\,\sqrt{H^2+c^2}$, t étant une fonction de $\frac{m'}{m}$ que l'expérience nous apprendra à déterminer.

La vitesse U du liquide choquant est égale à n fois le chemin parcouru par une molécule pendant un tour, ou à $n \times BE$. On a donc $U\sin\alpha = n \times BE\sin\alpha = n \times Em = n \times H\rho\cos\theta$, d'où $\frac{U^2\sin^2\alpha}{\sin^2\theta} = \frac{n^2H^2\rho^2}{\operatorname{ang}^2\theta} = n^2c^2\rho^2$, et enfin $F = \frac{\varkappa t}{2\pi} n^2\rho^2\sqrt{H^2+c^2}\times c^2 dc$, $F\sin\theta = \frac{\varkappa t}{2\pi} n^2\rho^2 Hc^2 dc$, $F\cos\theta = \frac{\varkappa t}{2\pi} n^2\rho^2 c^3 dc$.

Il nous reste à exprimer le frottement φ, et nous basant sur les expériences de Prony et Eytelwein, sur le mouvement de l'eau dans des tuyaux de conduite, nous admettrons qu'il est proportionnel à la surface et au carré de la vitesse. Nous considérerons ainsi le frottement comme indépendant de la pression exercée sur l'une des faces du propulseur, parce que si la pression exerçait une influence pour augmenter le frottement de l'une des faces, elle devrait exercer une influence semblable pour diminuer le frottement sur l'autre face, et que la somme de ces deux frottements ne devrait guères différer de celui qui existerait dans l'hypothèse où la pression n'aurait aucune influence.

Appelons donc γ le frottement exercé par l'eau ayant une vitesse d'un mètre par seconde, et glissant sur une surface de deux mètres carrés, pour tenir compte des deux faces du propulseur; appelons aussi W la vitesse de l'eau sur le propulseur, nous pourrons représenter le frottement φ sur un filet élémentaire par γdSW^2. La vitesse W de l'eau glissant sur le propulseur ne saurait être appréciée exactement; mais pour les filets les plus éloignés de l'axe, et qui donnent lieu aux plus grands frottements, elle est sensiblement égale à $n \times BC = n\sqrt{H^2+c^2}$, lorsque le recul n'est pas trop considérable. — Nous avons donc $\varphi = \frac{\gamma}{2\pi} \times \frac{m'}{m} n^2 \sqrt{H^2+c^2}\,(H^2+c^2)dc$, $\varphi\cos\theta = \frac{\gamma}{2\pi}\,\frac{m'}{m} n^2 (H^2+c^2)cdc$, $\varphi\sin\theta = \frac{\gamma}{2\pi}\,\frac{m'}{m} n^2 H(H^2+c^2)dc$.

Soit C la circonférence du cercle qui limite la vis à l'extérieur, C' la circonférence du cercle qui limite la vis à l'intérieur, si on substitue les valeurs que nous avons trouvées par F et φ, et si on effectue les intégrations entre $c = C$ et $c = C'$ ont obtient les équations :

$$(6)\quad KBn^2H^2\delta^2 = \frac{\varkappa t}{8\pi} n^2\rho^2 (C^4-C'^4) - \frac{\gamma}{2\pi} \times \frac{m'}{m} n^2 H\left[H^2(C-C') + \tfrac{1}{3}(C^3-C'^3)\right];$$

$$(7)\quad P = \frac{\varkappa t}{8\pi} n^3\rho^2 H (C^4-C'^4) + \frac{\gamma}{2\pi} \times \frac{m'}{m} n^3 \left[\tfrac{1}{3}H^2(C^3-C'^3) + \tfrac{1}{5}(C^5-C'^5)\right];$$

$$(8)\quad P = KBn^3H^3\delta^3 + P\rho + \frac{\gamma\delta}{2\pi} \times \frac{m'}{m} n^3 \left[H^4(C-C') + \tfrac{2}{3}H^2(C^2-C'^2) + \tfrac{1}{5}(C^5-C'^5)\right].$$

§ V. — DÉTERMINATION DES COÉFFICIENTS.

Le coéfficient γ du frottement n'a pas encore été déterminé d'une manière précise, par des expériences faites dans des circonstances identiques avec celles qui se présentent dans le mouvement de la vis. La valeur rigoureuse de ce coéfficient ne saurait se déduire d'expériences sur le mouvement circulaire, pas plus que d'expériences sur le mouvement rectiligne, parce que le mouvement héliçoïde de la vis diffère des deux premiers; nous avons montré cependant qu'il pouvait avec assez de raison s'assimiler au mouvement rectiligne, et c'est sur cette hypothèse que nous basons nos calculs. L'application des formules dans lesquelles on aura introduit la valeur de γ empruntée aux expériences sur le mouvement rectiligne, fera juger de l'exactitude de ce coéfficient.

Si dans les formules de MM. Prony et Eytelwein, relatives au mouvement dans des tuyaux de conduite et des canaux découverts, on néglige les termes très-faibles affectés de la première puissance de la vitesse, on obtient pour un mètre carré de surface et un mètre de vitesse, $\gamma = 0,^{k}357$ et $\gamma = 0,^{k}369$, en employant la densité de l'eau de mer.

Les expériences plus récentes de M. Galy-Cazalat, sur des petits modèles de navire et des plans minces, donnent des résultats plus faibles, et semblent indiquer que le frottement n'augmente pas dans un rapport aussi élevé que le carré de la vitesse. — Elles donnent les valeurs suivantes pour le frottement d'un mètre carré :

La vitesse étant d'un mètre par seconde			$0,^{k}22$
Idem	deux	*idem*	$0,^{k}73$
Idem	trois	*idem*	$1,^{k}36$
Idem	quatre	*idem*	$2,^{k}15$

Nous adopterons $0,^{k}25$ valeur intermédiaire entre celles données pas MM. Prony, Eytelwein et Galy-Cazalat, pour valeur du frottement d'un mètre carré, la vitssse de l'eau étant d'un mètre par seconde, et le degré d'approximation que donnent nos formules laisse à penser que cette valeur ne s'écarte pas beaucoup de la vérité.

La détermination rigoureuse de γ exige la vérification préalable de formules renfermant ce coéfficient et appliquées à des expériences faites sur un navire en marche. Tous les éléments de ces expériences étant mesurés avec exactitude, on vérifiera aisément les formules, et on obtiendra ensuite la valeur de γ; mais en l'absence de ces expériences précises qui pourraient seules résoudre la question importante du frottement, nous adopterons la valeur approchée $\gamma = 0,^{k}5$, en tenant compte ainsi du frottement exercé à la fois sur les deux faces.

Nous avons maintenant à déterminer les coéfficients t et $\varkappa$ relatifs à la résistance de l'eau : nous nous occuperons d'abord du premier, qui est une certaine fonction du nombre de branches m, en lequel on a divisé le pas de l'héliçoïde et du nombre m' de ces branches, que l'on a prises pour former le propulseur.

Cherchons à nous rendre compte de l'influence qu'elles exercent les unes sur les autres, et pour cela ne considérons d'abord que ce qui se passe dans une tranche annulaire, comprenant une série de filets liquides, et un filet élémentaire de chacune des branches de la vis. Supposons celle-ci formée d'un pas entier, et développons les filets élémentaires de ses différentes branches, suivant les droites AB, CD, EF, etc. Chacun de ces filets élémentaires fera dévier un certain faisceau de filets liquides, et l'influence de cette déviation s'étendra d'après M. Poncelet (*Mécanique industrielle, résistance des fluides*), à une section égale à six fois la projection de l'obstacle sur une perpendiculaire à la direction du fluide.

Il est évident que toute réaction des filets déviés, les uns sur les autres, nuira à la résistance, et que si les branches sont assez rapprochées pour que leurs sphères d'action se confondent en quelques points, la résistance sera moins grande que si, les surfaces des branches restant les mêmes, leur distance venait à augmenter jusqu'à ce que les faisceaux des filets déviés n'exerçassent plus d'action mutuelle.

Il est évident aussi qu'en diminuant le nombre m' des branches et en augmentant l'écartement de celles qui restent, on ne fait pas décroître la résistance dans le rapport de la surface, mais dans un rapport moindre, pourvu toutefois que dans le premier cas il y ait une action mutuelle exercée. Mais du moment où les branches sont assez écartées relativement à leur grandeur, pour que cette influence réciproque n'existe plus, leur résistance décroît évidemment en raison directe de leur surface.

Il importe donc de connaître jusqu'à quel point les branches d'un même propulseur peuvent se nuire mutuellement, et pour cela il faut étudier le rapport qui existe entre EG et EK, projections de EF et EC sur la ligne EGK perpendiculaire à la direction FL du fluide. Or, $EF = \frac{1}{m}\sqrt{H^2 + c^2}$,

$$EG = \frac{1}{m}\sqrt{H^2 + c^2}\ \sin\alpha = \frac{Hc\rho}{m\sqrt{H^2\delta^2 + c^2}}.$$

Soit $EC = a$ la distance entre deux branches consécutives, la projection de EC sur EGK est égale à

$$a\sin ECK = a\sin\theta_1 = \frac{aH\delta}{\sqrt{H^2\delta^2 + c^2}}.$$

Il faut donc, pour que les branches n'exercent pas d'action mutuelle nuisible, que l'on ait

$$\frac{aH\delta}{\sqrt{H^2\delta^2 + c^2}} > \frac{6Hc\rho}{m\sqrt{H^2\delta^2 + c^2}} \text{ ou } a > \frac{6c\rho}{m\delta}, \text{ or, } a = \frac{c}{m'}, \text{ il faut donc que l'on ait } m\delta > 6m'\rho, \text{ ou } \frac{m'}{m} < \frac{1-\rho}{6\rho}.$$

Cette condition, étant indépendante de l'inclinaison du filet que l'on considère, est commune à tout le propulseur; elle peut se mettre sous la forme $\rho < \frac{1}{6m'+m}$, et si on fait $m' = m$, on voit que le recul doit être moindre qu'un septième, pour que les branches n'exercent pas d'influence nuisible les unes sur les autres. Si on fait $\rho = 0,20$ on voit que $\frac{m'}{m}$ doit être moindre que deux tiers pour que cette influence disparaisse. Tant que la limite indiquée par la condition $\frac{m'}{m} < \frac{1-\rho}{6\rho}$ n'est pas dépassée, et c'est le cas qui se présente dans les observations sur la vis B et ses modifications, la résistance ne diminue pas aussi rapidement que la surface, mais elle diminue d'autant plus vite que l'on s'approche davantage de cette limite : lorsqu'elle est dépassée, la résistance doit décroître proportionnellement à la surface, si l'on suppose toujours que chaque branche conserve identiquement la même surface et la même forme.

On peut suivre ces variations de résistance au moyen de l'équation (6) appliquée aux résultats des observations sur les vis A, B, D et sur leurs modifications. — Si dans cette équation on substitue les valeurs données par l'expérience, on voit que le second terme du second membre est assez petit pour que l'on puisse le négliger. L'équation devient alors en divisant par n^2, $KBH^2\delta^2 = \dfrac{\varkappa t}{8\pi}\rho^2(C^4 - C'^4)$, et si l'on considère les modifications d'une même vis, les quantités δ^2, t, ρ^2 sont les seules variables et l'équation peut se mettre sous la forme $t = Q\dfrac{\delta^2}{\rho^2}$, Q étant une constante dont on ne connaît pas encore la valeur, δ^2 et ρ^2 des quantités données par l'expérience.

Supposons que t soit une fonction de $\dfrac{m'}{m}$ de la forme $t = \left(\dfrac{m'}{m}\right)^x$ on aura $\left(\dfrac{m'}{m}\right)^x = Q\dfrac{\delta^2}{\rho^2}$; en prenant les résultats de deux expériences faites sur des modifications de la même vis, et en introduisant ces valeurs dans $\left(\dfrac{m'}{m}\right)^x = Q\dfrac{\delta^2}{\rho^2}$ on obtient deux équations entre deux inconnues x et Q, et l'on détermine ainsi x au moyen des logarithmes.

Cette méthode nous donne $x = 0,33$ entre B et B_3, $x = 0,87$ entre B_3 et B_6, $x = 0,76$ entre B_2 et B_4;

Les mêmes calculs étant faits pour la vis A, donnent $x = 0,66$ entre A et A_2, et $x = 1$ entre A_2 et A_4. Entre D et D_1 on trouve également $x = 0,64$. — Ces résultats s'accordent entièrement avec ceux de la discussion à laquelle nous venons de nous livrer tout à l'heure, et l'on peut remarquer en outre que les vis d'un faible pas ayant un moindre recul, doivent avoir, et ont en effet, pour x une valeur plus élevée. On voit aussi que la relation qui existe entre t et $\dfrac{m'}{m}$ est excessivement compliquée, si l'on considère ainsi une vis employant m branches pour former un pas entier, et qu'on en supprime successivement un certain nombre.

Au lieu de cela, imaginons la vis complète formée d'abord de m' branches, et supposons que l'on ait diminué la surface de chaque branche dans le rapport de m' à m par la section d'un plan perpendiculaire à l'axe.

Ici deux effets se combineront entre eux, et nous verrons cependant l'expérience nous donner une relation très-simple et assez exacte entre t et $\dfrac{m'}{m}$.

Le premier de ces effets sera identique avec celui que nous venons de considérer tout à l'heure, il dépendra de l'augmentation de la distance entre les branches, relativement à leur dimension dans le sens longitudinal.

Le second effet sera dû à la diminution de la longueur des branches dans le sens du mouvement du fluide, et nous avons vu que dans ce cas la résistance ne variait pas proportionnellement à la surface, parce que le choc du fluide sur la partie de la surface résistante située en amont était plus considérable que sur la partie de la surface située en aval [*], et qu'une diminution de longueur dans le sens de la direction du fluide ne faisait que supprimer la partie de la surface qui éprouvait la moindre résistance.

---

[*] Les marins voient tous les jours un exemple de ce fait dans la tendance des vergues à prendre une direction perpendiculaire à celle du vent.

On peut étudier ces deux effets dans les expériences faites sur les modifications des vis ε et δ, et si on prend encore l'équation $\left(\dfrac{m'}{m}\right)^x = Q\,\dfrac{\delta^2}{\rho^2}$, en suivant la même méthode que précédemment, et en observant que m' ne varie pas ici pour la même vis, et que m varie avec ses modifications, on obtiendra les résultats suivants :

Entre δ et δ_3, $x = 0{,}68$; entre δ_3 et δ_6, $x = 0{,}66$; entre ε et ε_1, $x = 0{,}72$. On peut donc adopter $x = 0{,}67$ ou $x = \frac{2}{3}$ pour valeur convenable et poser $t = \sqrt[3]{\dfrac{m'^2}{m^2}}$: x représente alors un coéfficiant relatif à une vis d'un pas complet, et du même nombre de branches que celle que l'on considère, laquelle n'emploie qu'une fraction du pas représentée par $\dfrac{m'}{m}$.

Il y aurait lieu maintenant d'étudier les variations que subirait x en fonction de l'augmentation du nombre de branches m qui sert à former le pas complet, la surface totale du propulseur restant la même; mais cette étude est moins importante que la précédente, parce que la valeur absolue de m n'ayant pas d'influence sur le frottement, n'en aura pas davantage sur la détermination des proportions de la vis qui donnent lieu au minimum de perte de travail. Il suffira de savoir en général que l'augmentation de m diminue le recul, que de sept à quatorze branches cette augmentation a été trouvée en moyenne de 0,065, et que de dix à vingt branches elle a été trouvée de 0,03.

D'ailleurs, les expériences dont nous allons nous servir pour déterminer x ayant été faites sur des vis formées de cinq à neuf branches conviendront aux vis ayant environ ce nombre, et il est douteux que l'on s'en écarte beaucoup dans la pratique.

Avant de calculer la valeur du coéfficient de résistance x, il est nécessaire de vérifier si l'inclinaison des filets de la vis, ou ce qui revient au même, si le rapport l entre la longueur du pas et son diamètre, a l'influence que lui attribuent les formules auxquelles nous sommes arrivés, et si par conséquent l'introduction du facteur $\sin^2\theta$, au dénominateur du coéfficient de résistance, est justifiée par l'expérience. — Nous nous servirons pour cela des vis de la sixième série, dont les valeurs de l sont 1,25, 1,50, 1,75, 2,00 et 2,25.

L'équation (6) nous donnera $\dfrac{\delta^2}{\rho^2} = \dfrac{x\,t(C^4 - C'^4)}{8\pi K BH^2} - \dfrac{\Phi}{K BH^2}$, en représentant par Φ le terme relatif au frottement. — Si on néglige les variations très-petites de $\dfrac{\Phi}{K BH^2}$ en passant d'une vis à l'autre dans la sixième série, et si on considère x comme une constante on aura $\dfrac{\delta}{\rho} = \dfrac{\text{constante}}{H}$ ou $\dfrac{\rho}{H\delta} = \text{constante}$. Cette égalité se vérifie par les résultats de l'expérience qui donne 0,646, 0,684, 0,692, 0,676, 0,744, pour les valeurs de cette constante relative à chacune des vis de la sixième série.

La concordance de ces résultats donne le droit de conclure, que dans les limites des expériences, qui sont à la fois celles que l'on s'impose ordinairement dans la pratique, la loi établie précédemment sur la variation de la résistance en fonction de l'obliquité du choc de l'eau et de l'inclinaison du filet, est suffisamment exacte. — Les différences sont un peu plus fortes pour les résultats extrêmes, ce qui semblerait indiquer que le recul, pour des valeurs de l plus petites que 1,25, est plus faible que ne l'indiquent les formules, et qu'il est plus considérable au contraire pour des valeurs de I plus grandes que 2,25.

Il reste à déterminer la valeur de x que l'on tire de l'équation (6); on trouve :

$$x = \frac{8\pi\mathrm{KBH}^2}{\mathrm{C}^4-\mathrm{C}'^4} \times \frac{\delta^2}{\rho^2} + \frac{4\gamma\mathrm{H}^3(\mathrm{C}-\mathrm{C}') + \frac{4}{3}\gamma\mathrm{H}(\mathrm{C}^3-\mathrm{C}'^3)}{\rho^2(\mathrm{C}^4-\mathrm{C}'^4)}.$$

Si dans cette équation on substitue successivement les valeurs relatives à α, ε, γ, δ, λ on aura autant de valeurs de x dont nous prendrons la moyenne pour celle du coéfficient de résistance.

On trouve pour α, $x=151,{}^k48$; pour ε, $x=135,{}^k20$; pour γ, $x=132,{}^k99$; pour δ, $x=139,{}^k20$; pour λ, $x=116,{}^k38$. Nous adopterons la moyenne de toutes ces valeurs, $x=135^k$.

Ce coéfficient ne peut être que trop faible dans toutes les applications que nous ferons à de grands navires, et il est facile de le comprendre en se rapportant à ce que nous avons dit sur la dérive. Les phénomènes dont nous avons parlé se reproduisent en effet d'une manière moins prononcée sur une embarcation que sur un navire ayant à peu près les mêmes formes, et la dérive est encore très-sensible pour celle-là, dans des circonstances où elle disparaît totalement pour celui-ci. Il en résulte que les coéfficients de résistance doivent augmenter avec les dimensions des corps, et que les reculs doivent être sur de grands navires, un peu plus faibles que ne l'indiquent les résultats d'expériences faites sur une petite échelle. — Les mêmes observations et les résultats de nos expériences montrent aussi que x doit augmenter légèrement en même temps que la vitesse de rotation de la vis.

§ VI. — CALCUL DU RECUL ET DU NOMBRE DE TOURS DE LA VIS.

Les équations (6), (7), (8) fournissent les moyens de calculer le recul de la vis et le nombre de révolutions qu'elle fait par seconde, lorsque l'on connaît la résistance du navire, la puissance de sa machine et les dimensions de la vis.

Le recul s'obtient au moyen de l'équation (6) dans laquelle on peut poser pour abréger

$$\Phi = \frac{\gamma m'\mathrm{H}}{2\pi m}\left[\mathrm{H}^2(\mathrm{C}-\mathrm{C}') + \frac{1}{3}(\mathrm{C}^3-\mathrm{C}'^3)\right],\ \text{et}\ \mathrm{S} = \frac{xt}{8\pi}\sqrt[3]{\frac{m'^2}{m^2}}(\mathrm{C}^4-\mathrm{C}'^4).$$

En divisant par n^2, cette équation devient alors $\mathrm{KBH}^2(1-\rho)^2 = \mathrm{S}\rho^2 - \Phi$, et si l'on en tire la valeur de ρ on trouve

$$\rho = \frac{\sqrt{(\mathrm{KBH}^2)^2 + (\mathrm{KBH}^2+\Phi)(\mathrm{S}-\mathrm{KBH}^2)} - \mathrm{KBH}^2}{\mathrm{S}-\mathrm{KBH}^2}.$$

Dans l'hypothèse où Φ est très-petit relativement à KBH^2 cette formule devient $\rho = \dfrac{\mathrm{H}\sqrt{\mathrm{KB}}}{\sqrt{\mathrm{S}}+\mathrm{H}\sqrt{\mathrm{KB}}}$. (9) en posant $\sqrt{\mathrm{S}} = 2,32\sqrt[3]{\dfrac{m'}{m}}\sqrt{\mathrm{C}^4-\mathrm{C}'^4}$, et pour une vis pleine $\sqrt{\mathrm{S}} = 2,32\,\mathrm{C}^2\sqrt[3]{\dfrac{m'}{m}}$.

On peut remarquer que d'après ces formules le recul est entièrement indépendant de la force motrice et de la vitesse de rotation. — Les expériences faites avec des vitesses variables n'ont montré en effet qu'une légère augmentation de recul, lorsque la vitesse a varié dans le rapport de trois à deux. Le petit nombre d'exceptions ont été dues à des vis d'un faible pas, qui pour cette diminution de vitesse ont donné une diminution légère de recul; mais cette anomalie peut être attribuée à la disparition des balancements de roulis qu'éprouvait la yole, lorsque l'on tournait les manivelles avec une grande vitesse.

On voit clairement aussi d'après la formule (9) que le recul diminue en même temps que C', H et KB, qu'il augmente lorsque C diminue, et réciproquement, toutes choses évidentes au premier abord.

Les tableaux synoptiques des reculs qui se trouvent à la fin des recherches expérimentales ont une colonne renfermant les reculs calculés par la formule (9), en posant $KB = 6,^k00$, d'après l'évaluation de la résistance de la yole dont nous avons rendu compte.

L'accord entre la théorie et l'expérience est assez remarquable pour les vis pleines ou peu évidées. — Les vis évidées donnent des reculs plus forts que ne l'indique la formule, et cette différence est d'autant plus considérable que le diamètre de l'évidement est plus grand.

On comprend en effet que la résistance directe et le frottement du tambour et de ses rayons doivent augmenter le recul d'une certaine quantité que l'on ne peut facilement introduire dans les formules. — Cet effet ne serait pas aussi considérable sur une vis de grande dimension dont les rayons affecteraient une forme héliçoïde; mais il y aurait toujours lieu d'ajouter à la résistance du navire et à la valeur du frottement, des termes relatifs à la résistance et au frottement du tambour et de ses rayons.

La discussion de la formule (9) et l'examen des résultats de la première et de la sixième série montrent également que le recul n'est pas influencé d'une manière sensible par un évidement dont le diamètre ne dépasse pas le quart du diamètre extérieur de la vis.

D'un autre côté, le frottement des parties supprimées est à peu près égal à celui du tambour et des rayons qui le rattachent à l'arbre; il s'ensuit donc que pour déterminer la nature de la partie intérieure de la vis dans un rayon qui ne dépasse pas le quart du rayon total, on doit se laisser guider uniquement par les considérations de solidité et de facilité d'exécution pratique.

Si l'on examine les observations faites sur des vis à pas incomplet, conservant toujours le même nombre de branches, on reconnaît que les reculs varient exactement suivant les rapports indiqués par la formule (9); mais si on reporte son attention sur les vis dont on a supprimé successivement un certain nombre de branches, on observe que le recul diminue tout d'abord un peu moins rapidement que ne l'indique cette formule, et qu'il décroît au contraire plus rapidement que ne l'indique la formule, lorsque la suppression a dépassé un certain nombre de branches.

Ces variations s'expliquent tout naturellement en se rapportant à ce que nous avons dit sur la diminution du nombre m' des branches employées à former la vis. — Lorsque le pas est complet, les différentes branches exercent leur effort sur une eau déjà troublée par celles qui les précèdent : à mesure que l'on diminue le nombre m' des branches, cet effet s'atténue et il arrive un moment où, les branches n'exerçant plus d'influence réciproque, la résistance totale du propulseur est directement proportionnelle à sa surface, et non plus à la puissance deux-tiers de cette surface, ainsi que nous l'avons approximativement établi d'après les résultats des expériences.

Le recul ayant été calculé comme on vient de l'indiquer, il sera facile d'obtenir le nombre de tours au moyen de l'équation (7), dans laquelle on remplacera le travail P de la machine pendant une seconde, par nT, en désignant par T le travail de la machine pendant un tour du propulseur. Si dans cette même équation, on divise chaque membre par n, et que l'on remplace $\frac{x}{8\pi} \sqrt[3]{\frac{m'^2}{m^2}} (C^1 - C'^4)$ par S,

on obtient pour n la valeur suivante

$$n = \sqrt{\frac{2\pi m T}{2\pi m S H \rho^2 + \gamma m'\left[\frac{1}{3}H^2(C^3 - C'^3) + \frac{1}{5}(C^5 - C'^5)\right]}}.$$

Cette formule nous montre que si l'on fait abstraction du frottement, le nombre de tours varie proportionnellement à la racine carrée de la puissance développée par la machine pendant un tour, et en raison inverse du recul et de la racine carrée de la longueur du pas.

Nous devons observer cependant que cette formule n'est suffisamment approchée que dans les conditions que supposent tous ces calculs; c'est-à-dire lorsque l'obliquité du choc est très-grande. Ce cas se présente toutes les fois que le navire fait une route libre par un temps maniable; mais si le recul vient à augmenter d'une manière notable par suite de l'accroissement de la violence du vent et des vagues, ou par suite d'une remorque, la résistance de l'eau devient plus faible que ne l'indiquent nos calculs, les branches du propulseur se nuisent réciproquement, et son mouvement de rotation ne diminue pas aussi sensiblement que l'on pourrait le croire, d'après la diminution de l'angle d'incidence de l'eau sur le propulseur.

Enfin, lorsque le bâtiment est amarré et que la vis tourne sur place, ses branches agissant constamment dans une eau troublée offrent moins de résistance qu'une seule d'entre elles, tournant dans une eau tranquille en même temps qu'elle fait avancer le navire. — La plupart de ces observations sont consignées dans le rapport de M. de Montaignac, inséré dans les *Annales Maritimes* de décembre 1844. — On lit aussi dans ce rapport, que l'addition des voiles et l'augmentation de la vitesse ne faisaient pas varier d'une manière sensible le nombre de tours de la machine : il devait arriver alors que l'eau ne faisait plus guères que glisser sur la surface du propulseur qui trouvait cependant assez de résistance pour faire équilibre à la résistance du navire marchant à grande vitesse, avec l'aide d'une faible brise. — Ces faits confirment pleinement ce qui a été précédemment avancé sur l'intensité de la résistance de l'eau choquant une surface sous un faible angle d'incidence.

Il faut remarquer, du reste, qu'il n'y a de véritable importance à connaître le nombre de tours donné par la machine que dans les circonstances où le bâtiment atteint sa vitesse normale en eau calme, parce que la force de la machine ne s'évalue que pour ce cas particulier, et qu'une erreur de quelques tours rend alors les chaudières insuffisantes, ou prive le bâtiment d'une partie de la force * de sa machine, ce qui est presque constamment arrivé à bord du *Napoléon*.

Il convient maintenant de chercher à apprécier le degré d'exactitude que présentent les formules données plus haut, et pour cela il suffit de jeter les yeux sur le tableau (B) qui termine ces recherches, et qui renferme les résultats des expériences du *Napoléon* et de l'application des formules.

Les reculs calculés sont plus forts que les reculs observés d'environ cinq centièmes; nous devons remarquer cependant que les observations faites en rade de Cherbourg, en présence de

---

* La connaissance du nombre de tours que donnera la machine est bien moins importante à bord des vapeurs à roue, parce qu'en faisant varier l'immersion des palets on est toujours sûr d'arriver à donner le nombre de tours voulu. — Sur les bâtiments à vis il n'existe d'autre moyen que de changer le propulseur.

quelques ingénieurs , et dans des circonstances garantissant la plus grande exactitude, ont constamment donné des reculs voisins de 0,20, valeur qui s'accorderait très-bien avec le résultat des formules pour la vis D. Remarquons aussi que le nombre de tours calculé ne diffère pas en moyenne de plus d'un tour du nombre observé, et qu'ici l'observation n'a pas été sujette aux mêmes causes d'erreurs que l'estime de la vitesse.

Les mêmes formules appliquées au *Great-Britain*, ont donné un recul de 0,14, et vingt-un tours trois quarts de la machine, en évaluant sa puissance à douze cents chevaux et le coéfficient de résistance du navire à un vingtième. — Nous manquons de données précises sur les résultats de la navigation de ce gigantesque vapeur; mais on peut penser que ces valeurs ne diffèrent pas considérablement des valeurs réelles.

Le recul a sans doute été plus faible de quelques centièmes, parce que les coéfficients de résistance doivent augmenter avec l'étendue des surfaces, et le nombre de tours a certainement été moindre, ce qui indiquerait que la valeur de γ, que nous avons choisie, est au-dessous de la vérité. — Cette différence, si elle était constatée, ne ferait que donner une plus grande force aux considérations dans lesquelles nous entrerons plus loin, et qui tendent à faire adopter des valeurs de I beaucoup plus grandes que celles qui existent à bord du *Napoléon* et du *Great-Britain*, en même temps qu'à diminuer la fraction du pas employée.

Ces considérations seraient plus puissantes encore s'il était bien démontré que les reculs du *Napoléon* ont été aussi faibles que l'indiquent les résultats publiés. — Prétendre en effet que les pertes dues au recul n'ont été à bord de ce navire que de sept ou huit pour cent, c'est dire que les pertes dues au frottement se sont élevées au moins à trente pour cent [*], quantité énorme et que l'on ne saurait trop réduire en augmentant la longueur du pas et en diminuant la dimension longitudinale du propulseur.

Si l'on compare les résultats donnés par la formule qui exprime ρ en fonction du frottement et par la formule approchée (9), on voit que celle-ci donne généralement une valeur plus faible d'un centième que la précédente; on peut donc adopter pour les calculs la formule (9), beaucoup plus simple que l'autre, en ayant soin d'augmenter d'un centième la valeur qu'elle aura donnée. — On pourra même négliger cette augmentation sur les grands navires, où les coéfficients de résistance déduits d'expériences faites sur une petite échelle sont certainement un peu trop faibles. — Enfin, si la détermination absolue du recul et du nombre de tours relatifs à un bâtiment donné ne s'obtenait pas au moyen de nos formules avec une exactitude rigoureuse , il est évident qu'au moins elles seraient de la plus grande utilité pour apprécier d'avance l'influence exercée sur la vitesse du navire et de la machine par les modifications apportées au propulseur; et que l'on éviterait en les employant un grand nombre d'essais inutiles dont nous avons eu beaucoup d'exemples.

Nous avons supposé jusqu'ici que la génératrice et la directrice de la vis étaient droites toutes les

---

[*] Le coéfficient de résistance du *Napoléon* étant supposé égal à un dix-huitième, la résistance d'un mètre carré pour l'unité de vitesse égale à 68^k ; le cheval-vapeur à 80 kilogrammètres, la force de la machine à 127 chevaux pour une vitesse de 5 mètres par seconde , on trouve que l'effet utile est de 78 chevaux , et que la perte totale due à la propulsion est 0,38 de la puissance dépensée.

deux. — L'influence de la génératrice courbe étant sensiblement nulle, les calculs sur la vis où elle est employée doivent se faire dans l'hypothèse où cette génératrice est droite, et si sa courbure n'est pas trop prononcée, on peut négliger l'augmentation de la surface frottante. — Nous traiterons plus loin de l'emploi de la directrice courbe.

Le recul et le nombre de tours étant connus, la vitesse se calcule aisément par la formule $V = nH\delta$.

§ VII. — CALCUL DES PERTES DE TRAVAIL ET DE LA VIS LA PLUS AVANTAGEUSE POUR UN BATIMENT DONNÉ.

Il nous reste encore à déterminer la somme des pertes de travail dues au frottement et au recul du propulseur, et nous nous servirons pour cela de l'équation (8), dont le premier membre est le travail disponible de la machine, le premier terme du second membre est le travail résistant utile, le deuxième et le troisième terme du même membre sont les pertes dues au recul et au frottement. — La perte due au recul est égale au travail disponible multiplié par le recul. — La perte due au frottement est proportionnelle à la fraction de pas employée, au complément du recul et au cube du nombre de tours. — Pour l'exprimer en fonction du travail disponible, il faut tirer de l'équation (7) la valeur de n^3 et la substituer dans l'équation (8) qui deviendra

$$P = KBn^3H^3\delta^3 + \left[\rho + \frac{\gamma m'\delta[H^4(C-C') + \frac{2}{3}H^2(C^3-C'^3) + \frac{1}{5}(C^5-C'^5)]}{2\pi mSH\rho^2 + \gamma m'\left[\frac{1}{3}H^2(C^3-C'^3) + \frac{1}{5}(C^5-C'^5)\right]}\right] P.$$

Le principal problème à résoudre en déterminant les dimensions de la vis consiste à rendre un minimum le coéfficient de P dans l'expression de la perte de force totale ; mais avant de traiter cette question au fond, examinons les variations que subissent ces pertes de travail sur des bâtiments de grandeurs différentes, entièrement semblables, et mus par des propulseurs semblables, dont les dimensions ont des rapports constants avec les dimensions des navires auxquels ils sont appliqués. Appelons φ le coéfficient du frottement ; chacun des termes de la fraction qui l'exprime est du cinquième degré en H, C, C', et ces quantités étant avec B, dans des rapports constants, il s'ensuit que le terme entre parenthèses aura la même valeur sur tous les bâtiments semblables, si ρ ne varie pas.

Mais la valeur de ρ étant mise sous la forme $\rho = \dfrac{1}{1 + \dfrac{\sqrt{S}}{H\sqrt{KB}}}$, il est facile de voir, que $\dfrac{\sqrt{S}}{H\sqrt{B}}$ est une constante pour tous les bâtiments semblables. L'expérience nous apprend, au contraire, que $\sqrt{K}$ doit varier avec les dimensions des navires. Ainsi, la yole des expériences, dont les formes étaient cependant très-fines, avait un septième pour coéfficient de résistance, tandis que nos vapeurs de cent soixante chevaux ont environ un quinzième pour cette valeur.

Le recul doit donc diminuer à mesure que les dimensions du navire augmentent, toutes choses étant semblables d'ailleurs, tandis qu'en même temps le coéfficient φ du frottement doit augmenter par suite de l'augmentation de δ et de la diminution de ρ^2.

Si l'on prend, par exemple, pour point de départ la yole qui a servi à nos expériences, on trouve qu'elle a donné des reculs beaucoup plus forts que ceux que l'on aurait obtenus sur de grands navires entièrement semblables, et qu'au contraire les pertes dues au frottement y sont très-faibles. — A mesure que les dimensions du navire augmentent, le frottement devient plus considérable, atteint la valeur du recul et la dépasse ensuite. — Ainsi, à bord du *Napoléon*, où cependant on emploie déjà moins de la longueur du pas, la perte de travail due au frottement est à peu près égale à la perte due au recul. — La première doit surpasser la seconde à bord du *Great-Britain*, où l'on emploie plus de la longueur du pas.

Il résulte de ces remarques, que la fraction de pas employée pour arriver au minimum de perte totale, doit varier avec les dimensions du navire, suivant que l'on a plus d'intérêt à atténuer, soit le frottement, soit le recul. — Dans le premier cas qui se présente sur les grands navires, il faut réduire extrêmement cette fraction, et si l'on descend jusqu'aux embarcations, on trouve qu'il convient de leur conserver à peu près la totalité du pas.

Si dans l'expression de $p+\varphi$ on remplace p par sa valeur approchée, dans laquelle on néglige le frottement, ce qui diminue p et augmente φ, sans changer d'une manière sensible la somme de ces deux quantités qu'il importe de rendre un minimum; il viendra, toutes les réductions étant faites,

$$p+\varphi = \frac{H\sqrt{KB}}{\sqrt{S}+H\sqrt{KB}} + \frac{\gamma m'\sqrt{S}(\sqrt{S}+H\sqrt{KB})\left[H^4(c-c')+\frac{2}{3}H^2(c^3-c'^3)+\frac{1}{5}(c^5-c'^5)\right]}{2\pi mSH^3KB + \gamma m'(\sqrt{S}+H\sqrt{KB})^2\left[\frac{1}{3}H^2(c^3-c'^3)+\frac{1}{5}(c^5-c'^5)\right]}.$$

La solution générale du problème s'obtiendrait en égalant à zéro les différentielles de cette expression, relativement à m', C, C', H, considérées successivement comme variables indépendantes.

Les quatre équations que l'on formerait ainsi, détermineraient un système de valeurs de $\frac{m'}{m}$, C, C', H, donnant lieu à un minimum de perte de travail, dans l'application de la vis à un bâtiment dont les dimensions seraient connues à priori. Mais il est aisé de voir que les équations différentielles que l'on obtiendrait de cette manière, seraient d'un degré trop élevé pour être susceptibles d'une solution générale.

On ne peut donc arriver à la connaissance du minimum de la valeur de $p+\varphi$ qu'en faisant varier celles de $\frac{m'}{m}$, C, C', H, et en calculant pour chaque système de ces valeurs numériques la somme des pertes qui en résultent.

Nous discuterons d'abord la valeur qui convient à C', en remarquant que l'évidement intérieur du tambour a pour but de supprimer les parties frottantes centrales, qui n'ont qu'une faible influence sur la diminution du recul. — Ce même but pourrait être atteint en réduisant la fraction de pas employée, et nous allons comparer ces deux procédés.

Posons $\sqrt{KB}=7$, $C=10$, $H=6$, $\frac{m'}{m}=1$, $C'=0$, et effectuons les calculs au moyen des formules ci-dessus; nous trouverons $p=0,15$, $\varphi=0,37$, $p+\varphi=0,52$. Si nous essayons maintenant de réduire le frottement, d'abord en évidant la vis, puis en diminuant la fraction de pas employée, de manière à conserver le même recul dans les deux cas, il faudra que l'on ait $\sqrt[3]{\frac{m'}{m}C^2}=\sqrt{C^4-C'^4}$ *. Si $C'=5$, il en résultera $\frac{m'}{m}=0,91$. Le recul sera sensiblement le même que pour $C'=0$ et $\frac{m'}{m}=1$;

* Voir la formule du recul, § VI.

mais le frottement sera réduit à 0,315, dans l'hypothèse où $C' = 5$ et $\frac{m'}{m} = 1$, et à 0,35 dans l'hypothèse où $C' = 0$, $\frac{m'}{m} = 0,91$. La diminution du frottement serait donc moins considérable par suite de la réduction de la fraction de pas employée que par suite de l'évidement du tambour; il est vrai que dans ce dernier cas on a négligé de faire entrer dans les calculs, les frottements et les résistances qui découlent inévitablement de l'emploi d'un tambour et des rayons qui le rattachent à l'arbre. Ces causes de perte de travail sont assez considérables pour faire admettre que dans le cas qui nous occupe il y a égalité de réduction des pertes de travail, soit en évidant de moitié l'intérieur de la vis, soit en réduisant à 0,91 la fraction de pas employée.

La question de l'emploi du tambour proposé par M. Delisle, adopté par M. Ericson, est donc entièrement pratique, c'est-à-dire que pour opter entre ces deux moyens de diminuer le frottement de la vis sans augmenter son recul, on doit surtout avoir égard au plus ou moins de solidité qu'acquièrent les branches du propulseur dans l'un ou l'autre système. Mais il est facile de voir que la réduction du frottement par suite de l'évidement de la vis ne peut dépasser une limite assez resserrée, car cet évidement poussé au-delà de la moitié du diamètre donne lieu à des résistances nuisibles très-considérables; ce n'est donc pas de ce côté que doivent être dirigées les vues d'amélioration des propulseurs de grands navires, et le frottement ne peut être atténué avec un avantage notable, qu'en diminuant la dimension longitudinale de la vis. — Nous poserons alors $C' = 0$ dans le cours de cette discussion, et nous n'aurons plus à nous occuper que des variations de C, H, $\frac{m'}{m}$.

Le tableau (A) à la fin de ce traité, donne les valeurs de ρ et de φ, qui correspondent à l'hypothèse $\sqrt{KB} = 7$, et à différents systèmes de valeurs de C, H, $\frac{m'}{m}$, convenant assez bien au *Napoléon*, dont le tirant d'eau arrière est de $3^m,60$, et dont la résistance peut être estimée à $50^k,6$.

L'inspection de ce tableau nous montre que la somme des pertes de force dues à l'emploi de la vis peut être réduite à 0,31, en employant seulement le huitième de la longueur du pas, tandis que les pertes éprouvées à bord du *Napoléon* s'élèvent à 0,38, et qu'elle s'élèvent beaucoup plus haut sur le *Great-Britain*, sans que l'on tienne compte cependant des pertes assez grandes dues à la transmission de mouvement.

Le minimum de perte de travail peut également être obtenu au moyen d'une vis dont le diamètre prend à peu près tout le tirant d'eau, comme les vis Q, R, S, T, et pour une vis d'un diamètre plus faible, comme les vis U, V, X qui ont à peu près le diamètre relatif de celles du système Smith.

On peut employer dans le premier cas une moindre partie du pas complet, et une valeur plus élevée du rapport I.

Il en résulte alors une plus grande longueur de pas, un moindre nombre de tours de vis pour parcourir un chemin donné, et la suppression des engrenages qui fait disparaître les pertes de travail dues à la transmission de mouvement. — Le système le plus convenable pour un bâtiment de la force du *Napoléon*, serait donc celui de la vis S, pour lequel $I = 1,9$, et $H = 6^m$. — En employant seulement le quart de la vis complète, on aurait un recul de 0,22 et une perte par le frottement égale à 0,13.

La perte totale 0,35 ne dépasserait que de 0,04 le minimum dû à l'emploi d'une plus petite fraction de vis d'un faible pas, et il y a lieu de croire que cette différence serait suffisamment compensée par la suppression des engrenages. — La machine battant soixante-cinq coups par minute, ferait dépasser au navire la vitesse de dix nœuds, et ce nombre de coups n'est pas trop élevé pour une machine de cent trente chevaux, surtout si l'on emploie les chaudières tubulaires, qui paraissent convenir parfaitement aux machines à vis, attelées directement à l'arbre.

L'emploi de la vis T, dont le pas à sept mètres de longueur, et qui, formée avec le quart du pas complet, donne lieu à 0,36 de perte, pourra réduire à soixante le nombre de coups de piston par minute.

La valeur de I la plus convenable, à bord d'un navire où le moteur principal est la machine, et où l'on veut utiliser tout le tirant d'eau arrière, paraît donc être voisine de deux, et la valeur correspondante de $\frac{m'}{m}$ est alors comprise entre le quart et le huitième; mais si la vis n'est employée que comme auxiliaire des voiles, son volume et son poids doivent être considérablement réduits, et l'on doit adopter un autre système de valeurs convenables de II, C et $\frac{m'}{m}$.

Il arrive alors que dans l'équation $\rho = \dfrac{H\sqrt{KB}}{\sqrt{S} + H\sqrt{KB}}$, où $\sqrt{S} = 2,32 \sqrt[3]{\dfrac{m'}{m} C^2}$, la valeur de C étant assez petite relativement à celle de B, le recul augmente considérablement si l'on ne diminue H, et si l'on n'augmente $\frac{m'}{m}$. Il faut aussi prévoir le cas où une résistance étrangère à celle de l'eau, celle du vent, par exemple, vient s'ajouter à KB et donner au recul une valeur approchant de l'unité. — Cette circonstance peut se présenter pour un navire cherchant à se relever d'une côte au moyen de sa machine; il convient donc d'adopter pour un propulseur auxiliaire une valeur de I plus faible et une valeur de $\frac{m'}{m}$ plus élevée que dans le premier cas. Le propulseur devrait donner alors un plus grand nombre de tours pour imprimer au navire la même vitesse que précédemment; mais la vitesse maximum que le bâtiment doit acquérir au moyen de la vis devient en même temps plus petite, dès l'instant où le rôle de ce propulseur n'est plus que secondaire, et la vitesse de rotation de celui-ci reste dans les limites convenables, relativement à la force de la machine.

Ainsi, le même navire dont la résistance est égale à 49^k, devant être armé d'un appareil auxiliaire, on pourra lui appliquer la vis W, donnant une perte de travail de 0,34, en employant la moitié du pas.

La machine destinée à imprimer à ce navire une vitesse de trois mètres par seconde serait de vingt-cinq chevaux, et devrait donner cent vingt tours par minute.

Enfin, la valeur convenable de I serait dans ce cas égale à 1,25, c'est-à-dire à peu près la même que dans le système Smith.

La réduction de la dimension longitudinale des branches de la vis offre d'autant moins d'avantages que la résistance à vaincre est plus considérable et que le recul est plus grand. On voit, en effet, au moyen de l'équation (8) que la perte due au frottement est proportionnelle à δ, que cette perte est très-faible lorsque le recul approche de l'unité, et que par conséquent la réduction de la surface des branches ne diminue alors le frottement que d'une faible quantité, tandis qu'elle affecte le recul d'une manière plus sensible.

Le propulseur le plus favorable en route libre ne convient donc plus au cas où le recul a considérablement augmenté par suite d'une remorque ou de l'état de la mer, et dans ces dernières circonstances
il serait nécessaire, pour obtenir le minimum de perte de travail, de lui donner, comme nous venons
de le montrer tout à l'heure, une plus grande surface et une moindre valeur de I; en se réglant sur les
relations qui existent entre la puissance de la machine, la surface résistante du navire qui la porte,
et celle du navire à remorquer.

L'emploi d'une faible partie du pas complet, en même temps que la division de la vis en un grand
nombre de branches, peuvent soulever une objection spécieuse, basée sur la crainte que les branches du
propulseur ne soient plus assez solidement reliées à l'arbre, et qu'elles ne viennent à se briser ainsi
qu'il est arrivé pendant les expériences du *Rattler*.

Cet inconvénient peut être évité en donnant à la naissance des branches une plus grande épais-
seur de métal, et en employant au même endroit une plus grande fraction de pas qu'aux extrémités.

L'accroissement de surface n'ayant lieu que là où la vitesse de rotation est très-faible, le frottement
n'en serait pas augmenté d'une manière sensible.

Nous proposons de faire ici le contraire de ce que l'on a généralement pratiqué, en échancrant les
parties centrales des branches du propulseur; mais notre opinion est suffisamment justifiée par tous
les développements dans lesquels nous sommes entrés précédemment, et il nous suffira d'ajouter
que la forme des branches du propulseur serait alors parfaitement semblable à celle des ailes de
moulin à vent, qui, nous le répétons, ont atteint un degré de perfection remarquable *.

On a généralement exagéré l'importance de la nature des parties centrales du propulseur. Nous avons
vu plus haut que pour la vis S, un évidement égal à la moitié du diamètre ne changeait pas sensiblement le recul, et ne diminuait le frottement de la vis de 0,055, que pour y substituer celui d'un tambour et de ses rayons, et leur résistance directe.

Une échancrure légère, semblable à celle qui existait sur certaines vis du *Napoléon*, et sur la vis à
quatre branches du *Great-Britain*, ne peut donc avoir d'influence sensible sur les résultats.

On a proposé aussi de diminuer la longueur du pas au centre de la vis, de manière à ce que l'eau
ne fît que glisser sur les parties centrales; mais l'efficacité de cette modification pratiquée sur quelques
vis du *Napoléon*, n'est basée sur aucune raison solide. On laisse, en effet, subsister tout le frottement
de ces parties intérieures, et on supprime leur résistance en augmentant par là celle que doivent éprouver les parties extérieures. Or, de même que la diminution du nombre des points d'appui qui suppor-
tent une charge augmente l'effort supporté par chacun de ces points, et la quantité dont ils doivent
céder; ainsi, en supprimant la résistance des parties centrales de la vis, on ne fait qu'augmenter son
recul, ou la quantité dont l'eau cède à la pression. — L'effet de la réduction de la longueur du pas au
centre de la vis, si toutefois il est appréciable, est donc entièrement opposé à celui que l'on se propose
ordinairement de produire par cette modification.

La solidité du système de propulsion est le but principal que l'on doit chercher à atteindre en

---

* L'impression de ce travail était commencé depuis quelque temps, lorsque nous avons eu entre les mains les mémoires
de M. Reech, ingénieur de la marine et professeur à l'école du génie maritime à Lorient. Nous avons été heureux de lire que
ce savant professeur était arrivé à une conclusion identique par une voie tout-à-fait différente de la nôtre.

construisant les parties centrales de la vis, et pour y arriver on peut également rattacher les branches directement à l'arbre, ou les fixer sur un tambour d'un diamètre moindre que la moitié de celui de la vis. — Il n'entre pas dans le plan que nous nous sommes tracé d'aborder cette importante question, que nous livrons aux études des mécaniciens pratiques.

On peut remarquer, en examinant le tableau (A), que le minimum de perte de travail, loin de correspondre à un faible recul, n'a généralement lieu que pour un recul de 0,25 à 0,20 ; et que par conséquent on ne doit pas chercher à l'abaisser au-dessous de ce dernier chiffre tant que l'on se sert de directrices droites, ainsi que nous l'avons toujours supposé jusqu'à présent.

§ VIII. — DU NOMBRE DE BRANCHES ET DES TRÉPIDATIONS.

La surface totale du propulseur et son diamètre ayant été calculés d'après les règles que nous venons de poser tout à l'heure, il nous reste à déterminer en combien de branches il devra être divisé. Les expériences dont nous avons rendu compte, démontrent avec la dernière évidence les avantages qui résultent du fractionnement de la vis, et qui sont les conséquences naturelles de ce principe, qu'à égalité d'aire, la surface la plus résistante est celle qui a la plus faible dimension dans le sens du mouvement du fluide.

Lorsque le nombre des branches dépasse une certaine limite, il peut arriver que la résistance directe de leurs arêtes neutralise les effets avantageux de l'augmentation de leur nombre. — Pour les vis évidées que nous avons essayées, et dont les branches étaient en fer-blanc très-mince, cette limite paraît être au-delà de vingt; mais on ne peut affirmer qu'elle soit aussi élevée pour les propulseurs en bronze, en fonte, ou en fer forgé, dont on se sert sur les grands bâtiments.

Si on adopte la réduction de la fraction de pas employée, que nous proposons pour la plupart des navires, la nécessité de consolider les branches ne permettra pas de pousser aussi loin une division dont les avantages décroîtraient en même temps que la dimension longitudinale des branches.

Il faut aussi prévoir le cas où le recul ordinaire du navire augmente par des résistances étrangères à celle de l'eau à la proue : si le nombre de branches est alors trop multiplié, elles se nuiront mutuellement, et la projection de leur surface totale sur le plan longitudinal étant assez petite, l'énergie de l'action du propulseur en sera considérablement diminuée.

Nous croyons donc qu'en employant seulement le quart de la longueur totale du pas, on ne doit pas pousser la division du propulseur au-delà de six ou huit branches, et que pour obvier à l'affaiblissement de son énergie lorsque le recul augmente de valeur, pour une cause quelconque, il convient de diviser la vis en deux parties, de trois ou quatre branches chacune, et placées l'une devant l'autre sur le même arbre.

L'expérience faite sur la vis en échiquier 6_2 démontre que cette disposition n'affecte pas le recul d'une manière sensible lorsque ce recul a sa plus faible valeur, et il est évident que dans le cas où la résistance à vaincre et le recul viendraient à augmenter, cette disposition aurait l'avantage de présenter une projection de surface propulsante sur le plan longitudinal, double de celle qui aurait lieu si toutes les branches étaient fixées sur le même tambour.

La division du propulseur en deux parties indépendantes, fixées sur le même arbre, rendrait les avaries faites à l'une de ces parties moins dangereuses pour la sécurité du navire, faciliterait le montage et le démontage de ces pièces devenues extrêmement légères, et permettrait d'en avoir une de rechange sur la plupart des bâtiments. — Enfin, ce système recevrait son dernier degré de perfection, si, comme l'a essayé M. Ericson, et comme l'a proposé tout récemment M. Reech, on donnait un mouvement de rotation en sens inverse à chacune des moitiés du propulseur.

Le nombre de branches que l'on emploie a une influence très-grande sur les trépidations; mais nous ne pouvons partager l'opinion de M. de Montaignac, qui attribue ces trépidations à la projection de l'eau sur l'étambot, et qui de là conclut à l'adoption d'un nombre impair de branches.

Nous avons dit (§ IV) que si le filet hélicoïde du propulseur n'entourait pas symétriquement l'axe, ou si la pression de l'eau ne s'exerçait pas uniformément sur toute la longueur d'un filet hélicoïde entouran symétriquement l'axe, il existait une résultante pressant l'arbre sur ses coussinets, et qui, en tournant avec lui, produisait les trépidations. — Ce fait se présente lorsque la vis n'est composée que d'une seule branche, parce que la pression de l'eau, beaucoup plus forte sur la partie antérieure que sur le reste de la vis, donne lieu à une résultante d'une valeur finie, tournant en même temps que l'arbre, et le pressant successivement sur chacune des parties de ses coussinets. — L'emploi d'une seule branche pour former la vis, quelle que soit d'ailleurs la fraction de pas employée, doit donc toujours donner lieu à des trépidations. — Si la vis est divisée en deux branches égales et également espacées, il y a symétrie parfaite de forme et de pression, et si la construction de la vis était mathématiquement exacte, si la pression de l'eau était rigoureusement uniforme, il ne devrait pas se produire de trépidations; mais ces circonstances n'existent jamais dans la réalité, et si l'équilibre n'est dû qu'à l'action de deux forces opposées, cet équilibre sera instable, et il y aura constamment une pression exercée sur l'arbre soit dans un sens, soit dans un autre, soit toujours dans le même sens si la vis n'est pas parfaitement régulière ou parfaitement ajustée. Plus on augmentera le nombre des branches en les plaçant toujours d'une façon symétrique, et plus l'équilibre acquerra de stabilité, puisque chacune des forces qui concourront à le produire, étant plus faible, subira de moindres variations, et que ces variations devront généralement se compenser.

Les trépidations doivent donc diminuer constamment à mesure que l'on augmente le nombre des branches du propulseur. — Elles existent toutes les fois que les branches ne sont pas également espacées autour de l'axe, et ces faits se vérifient par le tableau des expériences sur les modifications de la vis B. — La substitution de quatre à trois branches à bord du *Napoléon* a fait presque entièrement disparaître les trépidations; il n'est donc pas douteux que leur suppression ne dépend que du nombre de branches employées pour former le propulseur, et qu'un chiffre impair ne présente aucun avantage sur un chiffre pair.

Il y aurait au contraire une raison pour préférer celui-ci. On lit en effet dans le rapport du commandant du *Napoléon*, que la résistance inégale offerte par les branches, lorsque le navire a stopé, tend à le faire dévier de sa route directe; or, dans l'emploi d'un nombre pair de branches cet inconvénient sera moins sensible, puisque ces branches seront toujours symétriquement placées de chaque côté de l'étambot.

D'après cette discussion, nous concluons à l'adoptions de six ou huit branches pour les navires dont la vapeur est le moteur principal, de quatre branches pour les navires à voiles munis de machines auxiliaires, et de deux branches seulement pour les remorqueurs : faisant ainsi varier le nombre de branches en raison inverse du recul présumé, et de manière à donner au propulseur une dimension longitudinale d'autant plus grande que le recul devra être plus considérable.

§ IX. — DE LA DIRECTRICE DES BRANCHES DU PROPULSEUR.

Nous avons dit, aux définitions, que l'on pouvait entendre par le pas d'un héliçoïde irrégulier, la distance comprise entre deux intersections consécutives de la génératrice du cylindre avec la directrice de l'héliçoïde. Cette définition ne convient plus lorsque l'héliçoïde est divisé en plusieurs branches, parce que les directrices de chacune de ses branches sont des courbes identiques au lieu de faire partie de la même courbe, directrice de tout l'héliçoïde. Remarquons cependant que pour traiter le sujet qui nous occupe, il est plus simple de considérer le propulseur comme formé d'un pas complet d'héliçoïde, dont la directrice est parfaitement semblable à celle de chacune des branches dont la vis était composé. Cela posé, on voit clairement par les résultats des expériences, que les vis à directrice courbe donnent des reculs beaucoup plus faibles que les vis de même pas à directrice droite; mais il faut observer que pour celles-ci, la perte de travail est proportionnelle au recul, tandis que l'on ne peut assigner de valeur exacte au rapport de la perte de travail due aux vis dont la directrice est courbe. — Considérons une de ces dernières comme formée d'une série d'éléments d'héliçoïdes réguliers dont le pas varie de l'un à l'autre ; le recul relatif à chacun des éléments, et la perte de travail qui lui est proportionnelle, varient également en allant de l'avant à l'arrière, et rien ne démontre que la moyenne de ces pertes est celle qui a lieu pour l'élément m (*fig.* 4), dont la direction est parallèle à l'hélice développée AB, passant par les extrémités de la directrice courbe AmB.

L'observation de l'effort exercé par les hommes tournant les manivelles nous a prouvé que la perte de travail due à l'emploi d'une directrice courbe était plus grande que le recul; on comprend en effet que l'augmentation d'inclinaison de la partie postérieure mB de la directrice, donne lieu à une plus grande résistance, tandis que le recul en est au contraire diminué, si l'on continue toujours à prendre AC pour la longueur du pas.

Néanmoins les avantages de la directrice courbe sont évidents à l'inspection des résultats fournis par les vis C et α. — Ils se démontrent aussi par les résultats des expériences sur la vis ϵ_3 (*fig.* 5), dont la directrice, au lieu d'être entièrement courbe, a sa moitié postérieure en ligne droite, et sa moitié antérieure récourbée, de manière à recevoir tangentiellement le choc des filets liquides.

La quantité dont la yole avançait pour chaque tour de propulseur était sensiblement la même lorsque l'on employait pmq ou pmn pour directrice; or, il est évident que la substitution de la portion de vis ayant pour directrice la courbe mn, à la portion de vis ayant pour directrice la droite mq, diminuait notablement le travail dépensé. L'emploi de la directrice courbe occasionnait donc une réduction de la perte de travail, puisque l'effet utile restait le même pour une moindre dépense.

La vis ϵ_3 étant formée de six branches et son recul ayant été trouvé égal à 0,357 pour un pas égal à $6 \times qr$, si on suppose son pas égal à $6 \times nr$, ainsi qu'on le fait généralement lorsque l'on emploie une directrice courbe, ce recul ne sera plus que de 0,235, c'est-à-dire plus faible de 0,11 que celui de ϵ_1, et plus faible de 0,04 que celui de la vis α de même pas et de surface double.

La perte de travail dans ce cas est plus forte que 0,235, mais aussi plus faible que 0,357, et si on prend la moyenne 0,30 pour l'expression de sa valeur, il en résulte une économie de travail de 0,06 par l'emploi d'une directrice courbe de cette forme.

On voit par tout ce qui précède que l'évaluation du recul des vis à directrice courbe peut donner lieu à de graves erreurs, si l'on confond la perte de travail due au recul, qui a une valeur précise et indépendante de toute espèce d'hypothèse, avec la perte de vitesse, dont l'évaluation repose sur l'hypothèse que l'on a établie en mesurant la longueur du pas.

Ainsi la vis du *Liverpool-Screw*, et celle qui est maintenant employée sur le *Napoléon*, ne donnent, dit-on, qu'un recul de 0,07; mais les pertes de travail qui en résultent, plus faibles que celles que l'on obtiendrait au moyen des directrices droites, sont néanmoins plus élevées que 0,07.

La nature de la courbe à adopter pour directrice est donc très-importante, puisqu'elle exerce une influence aussi sensible sur le recul et les pertes de travail; et pour se diriger dans le choix que l'on en doit faire, il faut préalablement chercher à quelles propriétés et à quelles causes sont dues ces influences.

Nous avons dit, au commencement de ces recherches, que les pertes de travail provenaient, non pas du plus ou moins d'obliquité de la force motrice relativement à la quille, mais du plus ou moins grand déplacement du point d'appui, ou des molécules d'eau sur lesquelles agit le propulseur. On doit donc chercher à éviter les chocs brusques des branches du propulseur sur le liquide, parce que ces chocs donnent toujours lieu à des pertes de travail dues à la déformation des molécules, et parce qu'ils causent un plus grand déplacement du milieu. Il faut que les filets liquides arrivent sur la surface du propulseur suivant une direction à peu près parallèle à cette surface, et n'exercent sur elle qu'une pression identique à celle que fait éprouver à une courbe un corps assujetti à la parcourir.

La substitution de la pression au choc est recommandée dans la confection de toutes les machines, et pratiquée avec le plus grand succès dans la turbine et la roue hydraulique de M. Poncelet; les mêmes idées appliquées à la vis, doivent lui donner les mêmes avantages, et économiser également une portion notable de la force motrice.

Il convient donc de construire la directrice de chaque branche du propulseur, ainsi que nous l'avons fait pour la vis ϵ_3, et que l'indique la (*fig* 5). L'inclinaison de la directrice droite *pmq* ayant été déterminée par les calculs des paragraphes précédents, et l'inclinaison des filets liquides sur la directrice du propulseur ayant été calculée comme on l'a vu § II, on conservera la moitié postérieure de la directrice droite, et on recourbera sa partie antérieure de manière à ce que son extrémité en *n* fasse avec la direction de la partie postérieure conservée, un angle plus grand de trois ou quatre degrés que l'angle d'incidence calculé.

La courbure de la directrice ayant été déterminée de cette manière, l'avance du navire par tour de la vis sera sensiblement la même que si l'on avait conservé la directrice *pmq*, et la résistance transversale étant moindre que dans cette hypothèse, le nombre de tours de la machine deviendra plus grand. — On pourra évaluer ce nombre de tours par la moyenne des résultats que l'on obtiendrait en prenant alternativement pour la longueur du pas, les produits de rn ou rq par le nombre de branches formant le pas complet, ou bien, ce qui est à peu près la même chose, on pourra faire tous les calculs du nombre de tours et de pertes de travail, en supposant la hauteur de chaque branche égale à une moyenne entre rn et rq.

S'il restait encore quelque indécision sur la nature de la courbe à adopter pour directrice, elle devrait cesser à l'examen de la forme des ailes des moulins à vent, à la perfection desquels l'illustre Coulomb a déclaré que la science ne pouvait rien ajouter désormais. — Les ailes de moulin ont une forme sensiblement héliçoïde, puisque l'inclinaison des bâtons perpendiculaires aux rayons varie du centre à la circonférence : au centre, l'angle formé par l'arbre et les bâtons est de 60°, et ce même angle, à l'extrémité du rayon, est de 78° à 84°. — Les ailes des moulins qui ont donné les meilleurs résultats, et dont on trouve une description détaillée dans l'ouvrage de Coulomb, sont formées, du côté du vent, par une toile nécessairement courbée sous l'action du fluide, et sous le vent par une planche gauche qui remplace les bâtons, et qui donne ainsi une forme rectiligne à la partie postérieure de la directrice de l'héliçoïde, tandis que sa partie antérieure a une forme concave du côté du choc du fluide.

Cette courbe est précisément celle que nous proposons pour la directrice de l'héliçoïde employé comme propulseur, et nous n'essaierons pas de fixer sa nature avec la précision mathématique de certains mécaniciens d'outre-Manche, persuadés que nous sommes de l'impossibilité d'une solution rigoureuse de ces problèmes, dans l'état actuel de nos connaissances en hydrodynamique. Nous nous contenterons de faire remarquer que cette courbe, qui doit satisfaire à la condition d'offrir, sous l'action oblique du mouvement d'un milieu, un maximum et un minimum de résistance en des sens déterminés, doit être employée dans des circonstances assez dissemblables d'ailleurs : 1° comme directrice de l'héliçoïde des ailes des moulins à vent; 2° comme directrice de l'héliçoïde des propulseurs sous-marins; 3° comme ligne d'eau avant des bateaux à vapeur de rivière destinés à obtenir une grande vitesse [*]; 4° comme section horisontale des voiles auriques convenablement travaillées [**].

Dans chacun de ces cas, le problème à résoudre étant le même, la solution doit être identique, et si l'analyse appliquée à la mécanique permet jamais de calculer rigoureusement l'une de ces courbes, chacune des autres devra se déterminer par les mêmes lois.

---

[*] Les constructeurs de la Tamise ont adopté la parabole, et ceux de la Clyde emploient la courbe appelée *wave-form*, par M. J. Scott Russel.

[**] La question de la forme la plus avantageuse à donner à ces voiles a été traitée dans un mémoire sur la voilure des vapeurs de guerre, présenté par l'auteur, en février 1844, à M. le Ministre de la Marine et à Mgr le prince de Joinville.

§ X. — DES REMORQUEURS, DES EXPÉRIENCES DYNAMOMÉTRIQUES ET DES ROUES D'ENGRENAGES.

Lorsqu'un vapeur à roues doit être affecté à un service de remorquage, sa machine et ses aubes doivent avoir des proportions différentes de celles qui conviennent à un navire de marche. En effet, la résistance à vaincre étant devenue très-considérable, il est nécessaire que les aubes aient une plus grande longueur, afin de neutraliser l'augmentation de recul qui en serait la conséquence, et cette augmentation de la surface propulsante aussi bien que celle de la résistance à vaincre, ralentit la vitesse du piston. — Il faut donc que les cylindres aient un plus grand volume, ou que le rayon des roues soit diminué, pour que la machine développe le même travail qu'en route libre. — Ces modifications sont longues et coûteuses, et un vapeur à roues ne peut sans de grandes difficultés, ou sans donner lieu à de grandes pertes de travail, servir alternativement de navire de marche ou de remorqueur. — L'emploi de la vis fait disparaître ces inconvénients, et nous montrerons aisément que ce propulseur est celui qui convient le mieux au remorquage des navires. — Pour cela, il nous suffira de prouver que sa force de traction peut atteindre les valeurs les plus élevées, par des modifications simples et faciles.

Supposons, en effet, qu'une résistance Q, étrangère à celle de l'eau contre le navire, anéantisse la vitesse du bâtiment, la machine continuant de fonctionner, et l'action du propulseur sur l'eau faisant alors équilibre à cette résistance Q, qui sera si l'on veut marquée par l'aiguille d'un dynamomètre sur lequel le bâtiment exercera son effort. Dans l'équation (6), où l'on peut poser $\rho = 1$, et négliger le frottement, puisque la vitesse de rotation devient assez faible, il faudra remplacer par Q la valeur de la résistance du navire exprimée par $KBn^2H^3\delta^2$; on aura alors * $Q = n^2S$, et la valeur approchée de n^2 étant égale à $\dfrac{T}{SH}$, il en résultera $Q = \dfrac{T}{H}$; c'est-à-dire que si l'on fait abstraction du frottement, la traction dynamométrique d'un bâtiment à vis est égale au travail dépensé pendant un tour de vis, divisé par la longueur du pas.

Cette valeur est réellement trop faible, parce que le navire étant amarré, le nombre de tours donné par la formule est beaucoup moindre que le nombre de tours battu réellement par la machine; nous en avons donné plus haut les raisons. Cette augmentation du nombre de tours donne lieu à une plus grande dépense de force motrice, et par conséquent à une plus grande traction sur le dynamomètre; il faut donc poser $Q = \mu\,\dfrac{T}{H}$, μ étant un coéfficient qui dépend des dimensions du propulseur, du nombre de ses branches, et que l'on peut déterminer par une série d'expériences dynamométriques faites sur des vis différentes.

Une expérience faite en rade de Toulon, sur la vis 8 du *Napoléon*, a donné $Q = 2250^k$, tandis que l'on a $\dfrac{T}{H} = \dfrac{5115^k}{3^m,13} = 1634^k$. La valeur du coéfficient μ est dans ce cas égale à 1,38.

L'équation $Q = \mu\,\dfrac{T}{H}$ nous montre que la traction dynamométrique varie en raison inverse de la

---

* Cette formule démontre que la force de traction varie comme le carré de la vitesse de rotation, ce que des expériences faites sur le *Francis-Ogden*, par M. Ericson, avaient démontré en 1837.

longueur du pas, et que dès lors il est facile de donner à un remorqueur à vis toute la force de traction que l'on peut désirer en diminuant convenablement la longueur du pas du propulseur.

L'augmentation de la force de traction n'a ainsi d'autre limite que la puissance de la chaudière, car on peut toujours arriver à faire donner par la machine le nombre de tours qui convient pour consommer utilement toute la vapeur engendrée.

Au lieu de supposer le vapeur amarré sur un dynamomètre, considérons-le remorquant un navire dont la résistance soit $K' B'$ pour l'unité de vitesse. — S'il n'y a pas d'autre résistance à vaincre que celle de l'eau, le mouvement relatif aura lieu, quelle que soit la faiblesse de la machine du remorqueur, mais si la résistance à vaincre comprend aussi celle du vent, il faudra d'abord, pour que le mouvement s'opère, que la force de traction de la machine du remorqueur surpasse la résistance offerte au vent par les navires au repos. — L'excès de la force de traction sur cette résistance déterminera le mouvement en avant : au contraire, l'excès de la résistance sur la force de traction déterminera le mouvement en arrière.

Il pourra donc arriver que des vapeurs à roue, d'une grande puissance de machine, soient hors d'état de remorquer des bâtiments auxquels des vapeurs à vis, munis d'une machine moins puissante, mais d'un propulseur convenable, sauront imprimer cependant une certaine vitesse.

Pour calculer les circonstances du mouvement pendant une remorque, il faudra remplacer dans les formules KB par $KB + K' B'$. — Si l'on diminue suffisamment la valeur de H pour que le propulseur donne pendant la remorque le même nombre de tours qu'il donnait auparavant en route libre, la machine dépensera à peu près la même quantité de travail, et la valeur absolue du frottement sera réduite, ainsi qu'on peut s'eu assurer à l'inspection de l'équation (8). — Le recul sera augmenté; car si l'on néglige le frottement, et si l'on appelle ρ' le recul pendant la remorque et pour une hauteur de pas H', l'égalité du nombre de tour dans les deux cas, exige $\sqrt{\dfrac{T}{SH\rho^2}} = \sqrt{\dfrac{T}{SH'\rho'^2}}$, d'où $H\rho^2 = H'\rho'^2$; par conséquent le recul a dû augmenter en raison inverse de la racine carrée de la longueur du pas. — Si maintenant on augmente la fraction de pas employée, on diminuera le recul plus que l'on n'augmentera le frottement, et on arrivera ainsi à un minimum de perte qui différera peu de celui qui avait lieu en route libre. — Ce résultat ne saurait être atteint sur un vapeur à roue qu'en augmentant la longueur de ses aubes d'une manière démesurée et peut-être impraticable.

Il est donc bien évident que les vapeurs à vis peuvent, suivant les besoins du service, recevoir des missions de guerre, ou être utilisés comme d'excellents remorqueurs; et que leur emploi rendrait inutile la création d'une catégorie spéciale de navires de cette dernière espèce dans la flotte.

La supériorité de la vis sur les roues à aubes dans les remorques deviendrait incontestable, si l'on trouvait un moyen facile de faire varier l'inclinaison des branches du propulseur, ainsi que l'avait d'abord tenté M. Ericson. Un nouvel essai de ce genre est dirigé maintenant en Angleterre, par M. Woodcroft. La complication du mécanisme ne peut être un obstacle à l'adoption de ce système sur les rades ou les rivières profondes. — Dans tous les cas, on pourrait suppléer en partie à l'inclinaison variable des branches et à la diminution de la longueur du pas suivant la résistance à vaincre, en transmettant le mouvement de la machine à la vis, soit par des courroies sur des poulies en fer, de diamètres variables, soit par des roues d'engrenages de différents diamètres, qui pourraient être rendues alternativement fixes ou folles sur l'arbre, de manière à conserver toujours la relation la plus favorable entre la vitesse de la machine et la vitesse du propulseur.

Remarquons ici que le nombre de tours que la vis doit donner par seconde pour imprimer au navire une vitesse déterminée, est une suite nécessaire des dimensions que l'on a choisies pour le propulseur; que le nombre de tours qu'il convient de faire donner à la machine, pour que le navire atteigne cette même vitesse, est réglé par des considérations tirées de l'étude spéciale des machines à vapeur; et que le rapport des rayons des roues d'engrenages fixées sur l'arbre de la machine et sur l'arbre du propulseur, est égal au rapport inverse des vitesses de rotation de ces deux arbres : vitesses déterminées comme nous venons de l'indiquer à l'instant.

Lorsque ce rapport se rapproche de l'unité, il y a toujours avantage à supprimer totalement les engrenages en augmentant d'une quantité convenable la vitesse de la machine, rendue ainsi plus légère.

Sur les rivières et les canaux peu profonds, le remorquage peut se faire au moyen de vis à demi-émergées, et ce système est pratiqué en Angleterre par M. Napier. — Il est nécessaire alors d'employer deux propulseurs tournant en sens contraire, afin que le navire ne soit pas poussé sur un bord par l'action de la partie immergée de la vis qui agirait seule, et si ces deux vis sont placées de chaque côté de l'étambot l'action du gouvernail perd de son énergie, surtout lorsque l'on marche en arrière. Ces inconvénients, dont nous avons pu juger par nous-même dans les essais du petit vapeur l'*Etoile*, doivent faire proscrire ce système d'une double vis avec un gouvernail unique, ou d'un double gouvernail avec une seule vis *, pour les navires destinés à la navigation des rades ou de la haute mer; mais ils n'ont pas la même importance lorsqu'il s'agit de bateaux naviguant dans des canaux étroits.

L'emploi d'une génératrice courbe, dont l'inutilité nous paraît suffisamment démontrée pour les navires de marche, peut offrir quelques avantages pour les remorqueurs, lorsqu'un accroissement de résistance augmente leur recul, parce que dans cette circonstance particulière, il y a déversement de l'eau par les bords du propulseur.

D'après la discussion dans laquelle nous sommes entrés, il convient aussi d'utiliser tout le tirant d'eau du navire, et d'adopter une fraction de pas plus grande que sur les navires de marche, afin de lutter avec plus d'énergie contre les résistances étrangères à celles du mouvement normal des navires en eau calme. Enfin, nous avons déjà dit que la valeur de I doit être réduite suivant le rapport qui existe entre la puissance de la machine du remorqueur et la résistance du bâtiment à remorquer.

Il résulte également de cette discussion, que la tension exercée par un vapeur à vis sur un dynamomètre ne peut rien prouver en général sur les mérites relatifs de la vis et des roues à aubes.

En 1840, l'*Archimède*, muni de la vis Smith, et le *Gunston*, remorqueur à roues de la Tamise, furent amarrés par l'arrière, présentant le cap dans des directions opposées, et les deux machines à peu près d'égale force venant à fonctionner en même temps, le *Gunston* entraîna rapidement l'*Archimède*. Quelques personnes en conclurent alors une supériorité évidente de la roue à aube sur la vis. — Dans ces derniers temps on a essayé à Toulon la force de traction de différentes machines, et celle du *Napoléon* ayant donné 2250^k, tandis que celles des bâtiments de cent vingt chevaux à roues n'avaient donné que

---

* Ce système est proposé par M. Maudslay.

2400^k, quelques personnes ont cru voir là une preuve irrécusable de la supériorité de la vis sur les roues à aubes ; mais il est évident au premier abord que la comparaison des deux systèmes doit s'établir d'après l'évaluation de leurs pertes de travail respectives, quantités composées de force et de vitesse, et qui ne sont nullement comparables avec les tensions dynamométriques, quantités qui n'expriment que des forces, abstraction faite de toute idée de vitesse.

Les expériences de l'*Archimède* et du *Napoléon*, que nous venons de citer, ne servent donc qu'à établir les qualités respectives de ces deux bâtiments comme remorqueurs.

§ XI. — ÉTAT ACTUEL DE LA NAVIGATION PAR LA VIS.

Après avoir appliqué les formules générales de la mécanique au mouvement des propulseurs hélicoïdes, et après avoir étudié successivement l'influence de chacune des dimensions et des formes de la vis sur la quantité de travail utilisée, il convient de jeter un coup-d'œil rapide sur les différents modes d'appliquer la vis à la propulsion des navires, pratiqués dans ces derniers temps. — Nous ne rechercherons pas au milieu du grand nombre de savants et de mécaniciens pratiques qui ont proposé ou essayé tant de système divers, auquel d'entre eux doit appartenir le mérite de l'invention. — La France et l'Angleterre ont des listes égales de noms propres à citer, et nous ne tenons guères à prouver à nos lecteurs qu'une fois de plus notre éternelle rivale nous a enlevé les premiers fruits d'une découverte utile. — Nous voudrions plutôt montrer que malgré de gigantesques efforts, elle n'a fait faire à ce mode de navigation que des progrès bien faibles, qu'il nous serait faciles de dépasser, et qu'il en coûterait bien peu à la France pour reprendre dans la voie des améliorations du matériel naval la place qu'elle occupa jadis, et que l'exécution des vues du capitaine de génie Delisle tendait à lui assurer.

Il faudrait un volume pour énumérer avec quelques détails les nombreux propulseurs patentés en Angleterre pendant ces dernières années, et cependant on ne pourrait encore se faire une idée exacte de leurs mérites relatifs, parce que les inventeurs, dans la spécification des caractères de leurs patentes, ont généralement omis d'exprimer la proportion la plus importante de leur propulseur, le rapport de la longueur du pas au diamètre. — Cette omission ne permettant pas d'apprécier sainement la valeur de leurs découvertes et de leurs perfectionnements, nous sommes forcés de nous abstenir de tout jugement sur les propulseurs *Hunt*, *Blaxland*, *Sunderland*, etc..., et nous renvoyons pour des détails à ce sujet aux ouvrages de MM. *Galloway*, *Duparc*, *Labrousse* et au *Méchanic's Magazine*. — Nous ne parlerons avec quelques détails que des systèmes *Smith*, *Ericson* et *Woodcroft*, qui diffèrent entre eux par des caractères bien tranchés et faciles à définir.

Système Ericson.

Le système de propulsion adopté par M. Ericson et appliqué par lui à une soixantaine de navires aux États-Unis, est de tous points semblable à celui que M. Delisle, capitaine de génie, exposa au Ministre de la Marine, dans un mémoire écrit en 1823. — S'il est vrai que M. Ericson a pu s'aider des vues du capitaine Delisle, on ne peut nier cependant qu'il n'en ait tiré un admirable parti. Lui seul a compris d'abord tous les perfectionnements, toutes les améliorations dont la vis était susceptible, et ses premiers essais, quelque infructueux qu'ils aient été, on révélé en lui un mécanicien d'un mérite supérieur. — L'inclinaison variable des branches du propulseur, le mouvement en sens contraires de deux roues placées sur le même arbre, sont des perfectionnements que l'on a pu être forcé d'abandonner alors; mais auxquels on reviendra nécessairement plus tard, dans un grand nombre de cas.

Le peu de faveur que le propulseur Ericson a obtenu en Angleterre, a été dû en partie aux résultats de quelques expériences comparatives dans lesquelles il n'a imprimé au navire d'expérience, le *Bee*, qu'une vitesse inférieure à celle obtenue avec d'autres propulseurs. Et ce fait devrait servir à éclairer sur la valeur de ces expériences comparatives, où l'on juge ainsi des mérites relatifs de différents propulseurs, par les vitesses qu'ils font atteindre à un même bâtiment au moyen de la même machine. — C'est avec ces idées que paraissent avoir été faites les expériences du *Rattler*; il est donc probable que leurs conclusions seront aussi erronées que celles du *Bee*, qui servirent à confirmer la proscription du système Ericson en Angleterre.

Les Américains se montrèrent meilleurs juges, et en peu d'années une soixantaine de vapeurs à vis d'Ericson sillonèrent les lacs et les embouchures des larges rivières des États-Unis. — Un service régulier s'établit avec ces navires entre New-York et Philadelphie, et la corvette à vapeur le *Princeton* fut construite.

Ce succès remarquable a enfin ouvert les yeux des mécaniciens anglais, et dans une séance de la société des ingénieurs civils, tenue à Londres en février 1844, M. Grantham, auquel est due la machine du *Liverpool-Screw*, a préconisé la suppression des engrenages, l'augmentation de la longueur du pas, et a cité la vis d'Ericson comme la plus perfectionnée qui existât jusqu'à présent.

Ses caractères essentiels sont les suivants : — Elle est composée de six branches, formant les deux tiers du pas complet, et appliquées sur un tambour intérieur qui se rattache à l'arbre par des bras ayant une forme hélicoïde. — Le rapport de la longueur du pas au diamètre de la vis est égal à environ 2,50, et la machine est directement attelée à l'arbre du propulseur.

Le *John-Ericson*, de quatre-vingts chevaux, construit à Nantes, par M. Styler, est muni d'un propulseur de ce système, dont la directrice et la génératrice sont légèrement courbes, et dont les branches dépassent le tambour en avant et en arrière, de telle sorte que la longueur de chaque branche suivant l'axe, est double de la longueur du tambour, relié à l'arbre par deux forts rayons. — L'arbre est muni dans l'intérieur du navire d'un bourlet qui transmet à un massif sur la carlingue la pression du propulseur, et évite ainsi de la laisser supporter par la machine.

Sur les bâtiments d'un faible tirant d'eau, M. Ericson a employé deux vis placées de chaque côté du gouvernail.

Le calcul des pertes de travail de la vis du *John-Ericson* nous donne 0,37 (tableau B), et ces mêmes pertes sont de 0,38 pour les dernières vis du *Napoléon*; on peut donc en conclure que le système Ericson et le système Smith donnent un effet utile à peu près égal, abstraction faite des pertes dues à la transmission de mouvement.

Mais la vis d'Ericson a le grand avantage de n'exiger qu'un moindre nombre de tours du propulseur pour imprimer au bâtiment une vitesse donnée. La machine peut alors être attelée directement à l'arbre et l'on économise tout le travail inutilement dépensé pour la transmission du mouvement, en même temps que l'accélération de vitesse de la machine permet de la rendre plus légère.

Les inconvénients que l'on a reprochés jusqu'ici à la vis Ericson se réduisent à deux principaux : 1° la lourdeur du poids de la vis; 2° la nécessité de donner au navire un grand tirant d'eau. — Nous admettons le premier; mais le second ne nous paraît pas réel. — Pour le faire ressortir on a cité le *Princeton*, bâtiment de 800 tonneaux, dont le tirant d'eau excède celui de nos vapeurs de 450, déplaçant 2700 tonneaux. — Nous croyons cet exemple mal choisi, parce que l'augmentation du tirant d'eau n'est pas une suite nécessaire de l'emploi de la vis Ericson. Cette augmentation à bord du *Princeton* était due au désir de tout sacrifier à la marche du bâtiment, dont les chaudières pouvaient, au moyen d'un ventilateur, élever parfois jusqu'à 400 chevaux la force de la machine.

Les expériences du *Napoléon* et la première traversée du *Great-Britain* ont prouvé qu'il ne devait résulter aucun inconvénient de l'émersion partielle du propulseur dans les mauvais temps ; il est donc possible d'établir la vis d'Ericson sur un navire sans augmenter le tirant d'eau, et en se contentant d'utiliser toute la hauteur de celui qui existe.

Ainsi le *Napoléon* qui tire $3^m,60$ d'eau et dont le propulseur n'a que $2^m,27$ de diamètre, pourrait fort bien employer une vis d'Ericson ayant un diamètre de $3^m,20$, et une longueur de pas de huit mètres. — Il atteindrait alors une vitesse de cinq mètres par seconde, et son propulseur ne donnerait que cinquante tours par minute, tandis que la même vitesse exigerait d'une vis Smith cent vingt tours dans le même temps.

C'est dans ces conditions seulement que doit être établie la comparaison entre les deux systèmes.

M. Ericson a parfaitement compris, du reste, que la vis est, par excellence, le système de propulsion des bâtiments de guerre, puisqu'elle est placée entièrement à l'abri du boulet, et qu'elle permet d'établir facilement toute la machine au-dessous de la flottaison. Il a donné le plus grand développement à cette idée à bord du *Princeton*, où la vapeur agit dans un quart de cylindre horisontal, sur un piston rectangulaire oscillant autour de l'axe du cylindre, et transmettant d'une manière fort simple son mouvement à l'arbre de la vis. — Que l'on compare cette installation à celle adoptée sur le *Napoléon* et le *Great-Britain*, proposée pour la *Salamandre* et le *Caton*, et dans laquelle des roues dentées exposées au feu de l'ennemi peuvent facilement être mises en pièces, et l'on conviendra que malgré ses défauts, la vis d'Ericson doit être préférée à la vis Smith, pour les bâtiments de guerre dont la machine est le principal moteur.

Nous avons déjà expliqué les motifs qui nous font, au contraire, adopter celle-ci pour les bâtiments dont la machine est le moteur auxiliaire. Nous avons également indiqué les améliorations dont la vis en général était susceptible, et les défauts réels que l'on avait à reprocher à la vis d'Ericson en particulier.

Ils peuvent se résumer ainsi : le frottement des parties héliçoïdes centrales que l'on a supprimées est remplacé par la résistance et le frottement d'un tambour et de ses rayons. — Le rapport de la longueur du pas au diamètre est trop élevé; dans certains cas la fraction de pas employée est trop grande, de sorte que les branches ont une forme rectangulaire, et présentent leur plus grande dimension dans le sens du mouvement du fluide, ce qui est une mauvaise condition pour arriver au maximum de résistance, et par conséquent au minimum de recul à frottement égal.

Le *Princeton*, dont nous avons déjà parlé, et qui est le plus grand navire à vis d'Ericson, déplace huit cents tonneaux; son tirant d'eau arrière est de $5^m,64$; sa vis a $4^m,3$ de diamètre et $10^m,6$ de longueur de pas : ce bâtiment atteint, dit-on, une vitesse de quatorze mille anglais à l'heure, ou de $5^m,8$ par seconde, pour trente-sept coups de piston par minute, ce qui correspond à un recul de 0,11. — Nous donnons au tableau (B) les principales dimensions de la vis du *John-Ericson*. — A bord de ce navire, un petit cylindre à vapeur fait mouvoir la pompe à air indépendamment du reste de la machine, ce qui doit assurer un vide parfait dans le condenseur, pendant les mauvais temps et quand la machine a stopé.

Les seuls navires à vis d'Ericson qui existent actuellement en France sont, l'*Etoile*, de vingt chevaux, à double vis, construit pour le service de Saint-Malo à Dinan; la *Bretagne*, qui navigue entre Saint-Malo et le Havre; le *John-Ericson*, dont l'appareil n'a pas encore été essayé, et le *Pingouin*, goëlette de guerre, ayant une machine à vis de quarante chevaux, et construite à Bordeaux pour le service de l'Océanie. — La frégate la *Pomone*, sur les chantiers, à Lorient, sera munie d'un appareil du même système.

Vis Smith.

De nombreux essais sur la propulsion par la vis avaient été tentés déjà, lorsque M. Smith réussit en 1839 à utiliser ce système à bord de l'*Archimède*, en employant un pas de vis complet et en une seule pièce; mais bientôt il dut songer à fractionner le propulseur, et alors des accusations de plagiat furent dirigées contre lui : en Angleterre, par M. Lowe, dont les essais remontaient à l'année 1817, et qui en 1838 avait pris un brevet pour un propulseur à deux ou quatre branches : en France, par M. Sauvage, dont les titres remontaient à 1832.

Le système Smith consiste essentiellement dans l'emploi de branches attachées directement à l'arbre, et d'une valeur assez faible du rapport entre la longueur du pas et le diamètre. — Cette valeur est environ la moitié de celle adoptée dans le système d'Ericson.

Le nombre des branches du propulseur a varié depuis deux jusqu'à six, et l'emploi d'engrenages ou de tout autre moyen d'augmenter la vitesse de rotation de la vis est indispensable. — La fraction de pas employée a varié également entre l'unité et six dixièmes, et d'après les dimensions de la vis du *Great-Britain*, données dans l'ouvrage de M. Dupuy de Lôme, les parties extérieures de cette vis comprennent plus de la longueur totale du pas.

Le système Smith, qui n'a pas été appliqué aux États-Unis, a été adopté successivement en Angleterre sur les bâtiments dont les noms suivent :

Archimède	237 tonneaux,	70 chevaux.	Novelty	300 tonneaux,	25 chevaux.
Princess-Royal	101 *id.*	40 *id.*	Great-Northern	1500 *id.*	360 *id.*
Bee	30 *id.*	10 *id.*	Rattler	888 *id.*	220 *id.*
Beddington	270 *id.*	60 *id.*	Great-Britain	3600 *id.*	1240 *id.*

et sur un certain nombre de petits navires à voiles, munis d'appareils auxiliaires.

La France ne compte encore qu'un navire de cette espèce, c'est le *Napoléon*, de cent vingt-sept chevaux et d'environ trois cent cinquante tonneaux. La *Salamandre*, de quatre-vingts, et le *Caton*, de deux cent vingt chevaux, sont sur les chantiers à Toulon.

Le vapeur de guerre anglais le *Rattler* a fait avec le *Prométhée*, vapeur à roues de mêmes dimensions, des expériences qui méritent une attention particulière, et dont les premières seulement sont parvenues à notre connaissance. Nous mettons en regard des dimensions communes au *Rattler* et au *Prométhée*, celles du *Phoque*, vapeur transatlantique de deux cent vingt.

<table>
<tr><td colspan="2">*Rattler et Prométhée.*</td><td colspan="2">*Phoque.*</td></tr>
<tr><td>Longueur extrême.............</td><td>59^m,05</td><td>Longueur à la flottaison.........</td><td>54^m,08</td></tr>
</table>

Rattler et Prométhée. | | Phoque. |
--- | --- | --- | ---
Longueur extrême. | $59^m,05$ | Longueur à la flottaison. | $54^m,08$
Largeur extrême. | $9^m,98$ | Largeur extrême. | $11^m,00$
Tirant d'eau moyen en charge. | $3^m,43$ | Tirant d'eau moyen en charge. | $3^m,85$
Surface immergée du maître couple. | $26^m,04$ | Surface immergée du maître couple. | $27^m,05$
Déplacement. | 888 ton^x. | Déplacement. | 1034 ton^x.

La machine du *Rattler* est du système de M. Maudslay, à quatre cylindres de quarante pouces anglais de diamètre, et de quatre pieds de course de piston. La vis divisée en deux branches a onze pieds de longueur de pas et neuf pieds de diamètre.

Le mouvement de la machine est transmis à la vis par un double jeu d'engrenages et de courroies qui quadruplent la vitesse. — A la première expérience on employait le pas entier de la vis; mais on renonça bien vite à une forme aussi défectueuse, et on réduisit la surface de la vis aux six onzièmes.

La machine du *Prométhée* est à deux cylindres, de cinquante-deux pouces et demi de diamètre, et de quatre pieds six pouces de course de piston.

Nous devons remarquer d'abord qu'il y a disparité complète entre les deux machines des vapeurs anglais, puisque l'une est à quatre et l'autre à deux cylindres; rien n'assure dès lors que les coéfficients relatifs à ces deux machines soient les mêmes, et si cependant on calcule leurs forces respectives par la formule de Watt, en supposant au piston de chacune d'elles une vitesse de trois pieds six pouces par seconde, on trouve que la force de la machine du *Rattler* est de deux cent vingt-quatre chevaux, tandis que celle de la machine du *Prométhée* est seulement de cent quatre-vingt-treize chevaux.

D'après les renseignements que nous nous sommes procurés, cette différence aurait pour but de compenser les pertes dues à la transmission de mouvement par les engrenages du *Rattler*; mais il est évident que pour prononcer avec certitude sur les résultats comparatifs, il fallait opérer avec des machines parfaitement égales, et sans tenir compte des pertes inhérentes aux systèmes que l'on voulait comparer.

Quoi qu'il en soit, le *Rattler*, muni de la vis Smith, réduite aux six onzièmes, a atteint $9^m,24$, tandis que le *Prométhée* n'a filé que $8^m,757$. Ces vitesses sont sensiblement proportionnelles aux racines cubiques des puissances respectivement développées; ce qui semble indiquer que la vis Smith n'a pu imprimer au *Rattler* une vitesse supérieure à celle que lui auraient donné les roues à aubes; et cependant la vis Smith a donné de meilleurs résultats que les propulseurs *Bloxland* et *Sunderland*, sur lesquels ont a continué des expériences.

Si maintenant on compare les résultats obtenus par le *Prométhée* à ceux qu'à donnés le *Phoque*, le plus mauvais marcheur des transatlantiques, de deux cent vingt, construits à Indret, et qui n'a pas filé moins de neuf nœuds pendant ses expériences, ou bien à ceux du *Caïman*, à peu près semblable au *Phoque*, et dont la vitesse moyenne a été de neuf nœuds et demi, on reconnaîtra que l'habileté ordinaire des constructeurs et des mécaniciens anglais a été légèrement en défaut dans la construction de ces machines et de ces bâtiments d'épreuve.

Dans l'état actuel des choses, nous ne connaissons rien des expériences du *Rattler* et du *Prométhée*, qui puisse aider le moindrement à résoudre les questions nombreuses que soulève l'application de la vis à la propulsion sous-marine, et si l'on a suivi jusqu'au bout la même méthode en essayant successivement des propulseurs de formes complètement différentes, on sera peut-être parvenu à donner au *Rattler* une vitesse considérable; mais on doit être hors d'état d'en rien conclure pour déterminer la vis qui convient à un autre bâtiment et à une autre machine.

Avant que le *Rattler* eut commencé ses expériences, le *Napoléon* avait été construit pour le compte de l'administration des postes, par l'habile constructeur du Havre, M. Norman, auquel la navigation à vapeur était déjà redevable d'un grand nombre de légers et rapides paquebots.

La machine et le propulseur avaient été demandés à M. Barnes, et dans les premiers mois de 1842, le *Napoléon* fit au Havre ses premières expériences. — Les dimensions de ce navire, données par M. Norman, à la société des ingénieurs civils de Londres, sont les suivantes :

Longueur de tête en tête............	47^m,5		Tirant d'eau en charge AR..........	3^m,60
Idem à la flottaison.............	45^m,2		*Idem* AV..........	2^m,26
Largeur extrême..................	8^m,5		Surface immergée du maître-couple..	13^m,4
Idem à la flottaison	8^m,3		*Idem* frottante.................	401^m,0

D'après ces dimensions et la finesse de ses formes, le déplacement du *Napoléon* ne peut excéder trois cent cinquante tonneaux. — La ligne de flottaison est de 1^m,82 au-dessus de l'axe du propulseur, qui a 2^m,27 de diamètre.

Les pistons des cylindres ont 1^m,144 de diamètre et 1^m,066 de course; la pression moyenne dans les chaudières est de 0^k,311, et la consommation de combustible de 4^k,5 par force de cheval et par heure.

La machine donnant vingt-sept tours par minute, sa force calculée par la formule de Watt pour une pression utile de sept livres par pouce carré, c'est-à-dire inférieure à la pression réelle, est de cent vingt-sept chevaux.

Le mouvement est transmis de la machine à l'arbre de la vis par une roue d'engrenage de cent vingt-six dents, agissant sur un pignon de vingt-neuf dents, et la vitesse de rotation de la vis se trouve ainsi être égale à la vitesse de rotation de l'arbre de couche multipliée par 4,344.

Le premier propulseur qui fut essayé avait sa génératrice courbe, et se composait de trois branches. — La longueur de son pas était de quatorze pieds anglais ou de 4^m,27, et la longueur du propulseur suivant l'axe étant de 1^m,066, il s'ensuit qu'il était formé de 0,75 du pas complet. On réduisit ensuite cette fraction de pas employée à 0,58 et 0,46, comme on peut le voir en jetant les yeux sur le tableau (B) de ces expériences.

Les résultats s'expliquent parfaitement au moyen de la théorie que nous avons développée dans les paragraphes précédents. — La longueur du pas étant plus grande que celle qui convenait à la force de la machine et aux dimensions relatives des roues d'engrenages, il est arrivé que la machine ayant à vaincre une résistance trop considérable, n'a pu développer toute sa force normale, et que les diminutions successives de la surface résistante et par suite du frottement ont accéléré le mouvement de la machine.

La vis 3, formée des 0,46 du pas, a donné, d'après le rapport de M. de Montaignac, dont nous nous servons le plus souvent ici, une vitesse de $10^n,06$ avec seulement vingt tours de la machine. Nous ne saurions trop appeler l'attention sur ce résultat, qui démontre d'une manière évidente tout l'avantage que l'on trouverait à augmenter le rapport de la longueur du pas au diamètre, et à diminuer la fraction de pas employée dans la vis Smith.

Il est vrai que l'on a voulu attribuer à l'usage d'une génératrice courbe, les résultats favorables des vis 1, 2, 3, dont la longueur de pas, d'après M. Barnes, serait de $3^m,20$, c'est-à-dire beaucoup plus petite que celle que nous avons adoptée dans nos calculs. Mais en admettant cette faible valeur du pas, on est amené à en conclure que la vitesse du bâtiment surpassait de 0,10 celle qui eut été la conséquence du mouvement de la vis dans un écrou solide; il faut en conclure aussi que le *Napoléon*, aux formes si fines, si évidées, entraînait à son arrière une grande masse d'eau, avec une vitesse qui ne pouvait être moindre que trois nœuds pour qu'il y eut sur la vis une impulsion capable de faire équilibre à la résistance du navire. — Et puis, comment peut-on expliquer par de légères modifications à la forme de la vis, la disparition presque complète de ce singulier phénomène dont nous avons, du reste, déjà démontré l'impossibilité dans le commencement de la seconde partie de ces recherches ?

Nous avions également signalé, dans les *Annales Maritimes* du mois de novembre 1844, l'inexactitude que paraissait offrir la mesure du pas de la première vis du *Napoléon*, et fixé sa longueur à $4^m,27$, d'après des renseignements que nous avions lieu de croire très-exacts. Aucune dénégation n'étant venue jusqu'à présent infirmer cette assertion, corroborée en outre par la concordance qu'elle établit entre les résultats des expériences du *Napoléon* et ceux de nos calculs, nous pouvons considérer comme un fait désormais acquis, que le *Napoléon* a obtenu les résultats les plus favorables, c'est-à-dire le minimum de perte de travail, en se servant d'une vis dont la valeur de I était de 1,9, et dont la fraction de pas employée n'était que de 0,46. Nous montrerons plus loin comment on aurait pu obtenir aussi, avec cette même vis, une vitesse bien supérieure à celles qu'ont données toutes les autres.

Une expérience assez simple aurait permis, à bord du *Napoléon*, d'apprécier à sa juste valeur l'influence de la génératrice courbe. — En retournant l'une des vis 1, 2, 3, de sorte qu'elle présentât au choc de l'eau sa face convexe, on aurait pu comparer les résultats obtenus de cette manière avec ceux donnés précédemment par la même vis choquant l'eau par sa force concave.

Leur identité aurait démontré que la grande résistance offerte par ces propulseurs provenait, non pas de la nature de la génératrice, mais de l'inclinaison des surfaces propulsantes, différente de celle que l'on supposait. — Nous avons fait cette expérience sur la vis ⊙, dans les circonstances les plus favorables pour que l'influence de la génératrice courbe se fît sentir, et l'on peut voir par les résultats consignés à la fin de ces recherches, que cette influence est à peu près nulle, ainsi que l'on devrait le conclure de la théorie que nous avons exposée.

Pour tirer tout le parti possible des résultats remarquables fournis par la vis 3, il fallait, sans augmenter les pertes de travail, amener le machine à développer toute sa puissance, et dans ce but on pouvait réduire la fraction de pas employée, en conservant les mêmes engrenages, ou changer le rapport des roues d'engrenages en conservant le même propulseur. — La modification que l'on fit subir à la vis 3, en arrondissant les angles antérieurs de la périphérie de ses branches, pour en former la vis 4, n'était justifiée par aucun autre motif que celui de diminuer la résistance directe des arêtes du propulseur. — En effet, la dimension longitudinale de chaque branche de la vis restait la même sur presque toute la longueur du rayon, et subissait aux extrémités une diminution très-brusque, dont la conséquence était une augmentation considérable du recul; on comprend dès lors que la vis 4 ait donné des résultats bien moins avantageux que la vis 3.

Il eut été logique de modifier celle-ci graduellement et de la même manière, jusqu'à ce que les variations de la vitesse du navire devenant insensibles, l'on fut assuré d'avoir atteint le maximum. — Si l'on a égard aux vitesses observées (tableau B), on voit que ces variations étant très-grandes de la vis 2 à la vis 3, le maximum était loin d'être atteint.

Les vitesses calculées indiquaient au contraire qu'il ne devait pas être très-éloigné, et nous serions disposés à croire, en effet, que la vitesse due à la vis 3 ayant été un peu exagérée, les différences de vitesse n'ont pas été aussi considérables que l'indiquent les résultats des observations.

Quoi qu'il en soit, après avoir atteint la limite convenable du fractionnement du pas, si la machine n'avait pas encore développé sa puissance normale, il fallait changer le rapport des rayons des roues d'engrenages, de manière à utiliser toute la puissance en conservant les mêmes proportions entre les pertes et l'effet utile. — Supposons que l'on voulut faire cette opération en conservant la vis 3 elle-même : la vitesse du navire croissant comme la racine cubique de la puissance utilisée, et celle-ci étant dans le même rapport avec la puissance dépensée que nous supposons proportionnelle au nombre de tours de la machine, on devra avoir $V : V' :: \sqrt[3]{20} : \sqrt[3]{27} :: 9 : 10$; V étant la vitesse obtenue au moyen de la vis 3, la machine donnant vingt tours; et V' la vitesse que le navire atteindra lorsqu'un changement convenable des engrenages permettra à la machine de donner vingt-sept tours par minute. On tire de là $V' = 1,11 \times V$. — Si la vitesse observée, ou $5^m,13$ par seconde, est la vitesse réelle, le navire devra atteindre $5^m,7$ par seconde, c'est-à-dire plus de onze nœuds. Si la vitesse calculée ou $4^m,48$ est la seule véritable, le navire atteindra seulement $4^m,97$, vitesse encore supérieure à toutes les autres vitesses calculées.

Il s'agit maintenant de calculer le rapport des rayons des roues d'engrenages qui permet à la machine de développer toute sa puissance, et au navire d'atteindre sa plus grande vitesse. — Le recul étant resté le même, puisque la même vis a été employée, le nombre de tours qu'elle a donné par seconde a dû croître comme la vitesse, ou comme la racine cubique des nombres de tours, vingt et vingt-sept, donnés par la machine. — Le rapport primitif des rayons et roues d'engrenages est égal à 4,34, et si l'on représente par ω le rapport cherché, les nombres de tours donnés par la vis dans les deux cas seront $20 \times 4,34$ et $27 \times \omega$. — Ces deux nombres devront être entr'eux dans le rapport de $\sqrt[3]{20}$ à $\sqrt[3]{27}$; on aura donc $20 \times 4,34 : 27 \times \omega :: \sqrt[3]{20} : \sqrt[3]{27} :: 9 : 10$, d'où l'on tire $\omega = 3,57$.

Ce dernier procédé est indépendant de toute hypothèse faite sur la longueur du pas, et son application serait de nature à donner au *Napoléon*, par des moyens fort simples, le maximum de vitesse qu'il puisse acquérir.

Après avoir renoncé à l'emploi des modifications de la vis 1, qui avaient cependant donné des résultats aussi remarquables, on essaya sur le *Napoléon* les vis 6, 7, 8 à directrice et à génératrice droites[*]. — Le nombre de tours normal ne put encore être atteint, et la vitesse ne dépassa pas celles que l'on avait précédemment obtenues. — Les vis 7 et 8 avaient une moindre longueur de pas au centre qu'à la circonférence, et leurs branches étaient échancrées; mais il est impossible d'apercevoir l'influence exercée par ces modifications dont nous avons démontré plus haut l'inutilité. — La vis 8, à quatre branches, avait fait presque entièrement disparaître les trépidations; ce qui est conforme à la théorie que nous avons donnée.

Enfin, lorsque le *Napoléon* vint dans la Méditerranée, on changea de nouveau son propulseur, et la vis 9 qui fut alors employée avait une avance de pas, c'est-à-dire une directrice courbe : elle n'appartenait déjà plus au système Smith, et nous en parlerons à propos du système Woodcroft, d'après lequel on l'a construite. — Disons seulement ici que l'augmentation de résistance qu'elle offrait au mouvement de rotation du propulseur, réduisit sa vitesse à vingt-quatre tours et demi par minute, en même temps que la vitesse du bâtiment descendit à 4^m,88.

Les vitesses imprimées au *Napoléon* par ses différents propulseurs sont évidemment inférieures à celle que les roues à aubes lui auraient fait atteindre, et M. Norman l'a reconnu lui-même dans une réunion de la société des ingénieurs civils à Londres; mais ces résultats désavantageux ne prouvent rien contre la vis elle-même, et nous avons suffisamment indiqué par quelles modifications ce propulseur pourrait, même en eau calme, reprendre sa supériorité. — Si les questions qui se rattachent particulièrement à la forme et aux dimensions de la vis ne nous paraissent pas avoir été résolues par le *Napoléon*, ou nous semblent l'avoir été dans un sens contraire aux idées que l'on a cherché à faire prévaloir, nous devons cependant reconnaître que les nombreuses et pénibles traversées de ce bâtiment ont eu le mérite de faire ressortir les remarquables avantages des propulseurs sous-marins employés dans les mers houleuses et en même temps que les voiles, et que les intéressants rapports publiés par M. de Montaignac, dans les *Annales Maritimes*, sont de nature à appeler une attention sérieuse sur l'alliance des voiles et de la vapeur, si heureusement réalisée à bord des navires à vis.

Nous disions au commencement de ce paragraphe, que l'Angleterre n'avait fait que des pas incertains dans cette nouvelle voie où la navigation à vapeur va entrer, et nous citions les expériences du *Rattler* et du *Prométhée*, qui, faites sans aucun esprit de méthode, n'ont pu donner encore des résultats décisifs. — Le *Great-Britain* justifierait notre assertion, si les dimensions de la vis qu'il a employée étaient celles que l'on trouve dans l'ouvrage de M. Dupuy de Lôme, sur les bâtiments en fer, et qui sont les suivantes :

Longueur du pas	4^m,88	Longueur du tambour	1^m,37
Diamètre de la vis	4^m,50	Nombre de branches	4

---

[*] On essaya aussi la vis 5 en marchant à demi-vapeur; cette vis était celle du vapeur anglais l'*Archimède*. — Elle procura une vitesse de dix nœuds avec trente-deux tours de machine; mais l'ignorance où nous sommes de la puissance dépensée ne nous permet pas de discuter les résultats obtenus.

La machine est à quatre cylindres ayant pour diamètre 2^m,235 et 1^m,83 de course de piston, et sa puissance normale est développée par vingt tours, d'où résultent quatre-vingts tours de vis.

D'après ces dimensions, la vis du *Great-Britain* est formée de plus d'un pas complet, et d'énormes pertes dues au frottement doivent en être la conséquence. — Il résulte aussi des dimensions de la machine, calculée de douze cent quarante chevaux par la formule de Watt, et de la surface du maître couple évaluée à soixante-huit mètres carrés, que la vitesse du navire ne doit pas être moindre de treize nœuds, pour que le mode de propulsion employé soit au moins aussi avantageux que les roues à aubes. Cette vitesse est loin d'avoir été atteinte, et le nombre de tours ne se serait pas élevé au-dessus de seize, si l'on en croit les relations du premier voyage de ce navire. Il faudrait admettre alors que les pertes dues au frottement sont beaucoup plus fortes que ne l'indique le coéfficient que nous avons adopté, et ces résultats confirmeraient la supériorité que nous attribuons au système *ailes de moulin* sur les autres propulseurs sous-marins et sur les roues à aubes.

Les modifications que l'on va faire subir à la vis du *Great-Britain* consisteront sans doute à découper ses branches par des plans perpendiculaires à l'axe, jusqu'à ce que l'on arrive au nombre de tours voulu, qui, d'après les dimensions de la vis, ne saurait imprimer au navire une vitesse supérieure à onze nœuds et demi. — On n'utilisera guère alors plus de la moitié de la puissance de la machine, et la transmission du mouvement par des tambours et des chaînes absorbera toujours une portion notable de la puissance dépensée.

C'est ici le lieu de faire remarquer cependant que l'application de la vis aux grands navires doit faire disparaître les plus grands inconvénients que l'on reprochait à son installation : nous voulons parler de sa trop grande vitesse de rotation, qui fait naître des frottements nuisibles de l'arbre sur les coussinets. — Ainsi, sur le *Great-Britain*, où le recul est si faible, il est permis de prendre un rapport très-élevé entre la longueur du pas et le diamètre de la vis, le rapport 2,50, par exemple, et le diamètre étant porté à 5^m,75 en utilisant tout le tirant d'eau, la longueur du pas devient égale à 14^m,37. Le recul est alors égal à environ 0,16, ce qui donne lieu à une avance du navire de 10^m,63 par tour, et ce qui exige seulement trente-six tours de vis par minute pour atteindre une vitesse de 6^m,5 par seconde ou de treize nœuds.

La machine étant attelée directement à l'arbre, la vitesse de piston qui en est la conséquence, ne dépasse pas les bornes que l'on doit s'imposer pour des cylindres de trois cents chevaux, et la vitesse de rotation de l'arbre de couche n'étant guère que double de celle des arbres de nos vapeurs de quatre cent cinquante chevaux à roues, tandis que le poids du propulseur est diminué dans un rapport bien plus élevé, il en résulte que le frottement sur les coussinets doit être, sur les plus grands navires à vis convenablement disposés, beaucoup plus faible que sur les mêmes navires mus par des roues à aubes. — L'application immédiate de la machine à l'arbre de la vis du *Great-Britain* eût économisé une grande partie de sa puissance, et l'allongement du pas eût évité tous les inconvénients de l'usure rapide des coussinets, inhérents à l'emploi du système Smith.

Ce système a encore été appliqué en Angleterre comme moteur auxiliaire de petits navires charbonniers, et paraît avoir donné d'excellents résultats économiques. — On comprend, en effet, que ces navires ayant le combustible à très-bas prix, puissent regagner par la célérité de leur service, ce qu'ils perdent en capacité pour le fret, et en dépenses relatives à la machine.

Nous pensons que cette analyse rapide des expériences tentées sur la vis Smith, employée comm
propulseur principal, ne laissera plus aucun doute sur son infériorité, relativement aux roues à aube
en eau calme, et dans presque toutes les circonstances relativement aux vis à grande longueur de pa
et mues sans engrenages. — Le *Chaptal*, bâtiment en fer de deux cent vingt chevaux, construit
à Paris, par M. Cavé, et dont la machine attelée directement à l'arbre de la vis doit battre quatre-vingt
coups par minute, indique un pas fait en France dans un nouveau système que nous ne sommes pas e
mesure d'apprécier ici, faute de documents assez certains; nous croyons seulement que si le diamètr
de la vis du *Chaptal* est pris d'une longueur suffisante, ce navire aura toutes sortes d'avantages su
le *Caton*, de deux cent vingt, dont le propulseur doit être entièrement calqué sur celui du *Napoléon*

Système Woodcroft.

À une époque où la possibilité de l'application de la vis à la navigation paraissait encore douteuse, en
1826, M. Woodcroft prit une patente en Angleterre, pour une vis dont le pas s'allongeait en allant de
l'avant à l'arrière, c'est-à-dire dont la directrice était courbe. — Cette heureuse modification, essayée
pour la première fois en 1832, n'eut pas alors tout le succès désirable, et ce ne fut qu'en 1843 que ce
mécanicien réussit à faire appliquer son système au *Liverpool-Screw*, petit navire en fer, construi
à Liverpool, par M. Grantham, et dont nous donnons ici les dimensions :

Longueur à la flottaison	18^m,24	Largeur	3^m,8
Tirant d'eau.	1^m,14	Surface immergée du maître-couple. .	2^m,60

La machine a deux cylindres oscillants, d'un diamètre de 0^m,33, et d'une longueur de course de
piston égale à 0^m,45. Elle fonctionne avec trois quarts de détente, à la pression de 3^k,6 par centi-
mètre carré.

La vis a quatre branches : son diamètre est de 1^m,62, et la longueur de son pas varie de 3^m,04 à
3^m,34, en allant de l'avant à l'arrière. Son tambour n'a que 0^m,50, et par conséquent elle n'est formée
que des deux tiers du pas complet. — Les deux dixièmes de la surface de la vis sont émergées, et cette
circonstance ne nuit en aucune manière à la facilité de gouverner le navire.

La machine attelée directement à l'arbre donne quatre-vingt-quinze tours en route libre, et le recul
est dit-on de 0,07, ce qui correspondrait à une vitesse de près de neuf nœuds et demi, résultat assez
remarquable pour une machine de vingt chevaux, c'est-à-dire pour huit chevaux par mètre carré de la
surface immergée du maître-couple sur un très-petit navire; celui-ci paraît jouir en outre de très-
bonnes qualités comme remorqueur.

À peu près à la même époque où se construisait le *Liverpool-Screw*, M. Rennie établissait sur le
Mermaid son propulseur conoïdal ainsi engendré : la directrice est tracée sur un cône, dont la génératrice est une courbe logarithmique, par le mouvement uniforme d'un point, qui parti du sommet et
s'avançant vers la base, reste constamment dans le même plan, tandis que le cône tourne aussi d'un
mouvement uniforme. — Ce mode si régulier et si mathématique de tracer la directrice, pourrait au
premier abord, sembler le fruit de recherches scientifiques profondes sur la nature de la résistance des
surfaces courbes; nous doutons cependant que l'on puisse l'étayer d'une démonstration bien convaincante.

Quoi qu'il en soit, le système de M. Rennie consiste essentiellement : 1° en l'emploi d'un cône intérieur au lieu d'un cylindre terminant la surface au centre ; — nous avons déjà démontré que l'influence des parties centrales de la vis était à peu près nulle, et nous ne pouvons par conséquent reconnaître à cette modification quelque valeur : 2° en la forme conique également donnée à la surface enveloppant le propulseur à l'extérieur ; — il en résulte de plus grandes dimensions longitudinale et diamétrale pour obtenir la même surface propulsante que lorsque l'on fait usage de la forme cylindrique, et par conséquent l'ouverture dans le massif arrière doit être beaucoup plus considérable qu'il n'est rigoureusement nécessaire : 3° en l'emploi d'un pas variable, modification avantageuse, proposée depuis long temps par M. Woodcroft, et qui ne donnerait cependant que de mauvais résultats si elle était exagérée, et surtout si elle était poussée jusqu'au parallélisme des surfaces propulsantes avec l'axe, ainsi que l'indique M. Galloway, parlant du propulseur conoïdal, dans une séance de la société des ingénieurs civils de Londres.

Le *Mermaid*, sur lequel M. Rennie a établi son propulseur, a les dimensions suivantes : — Longueur = 39^m,52, bau = 5^m,05, tirant d'eau = 2^m,74, surface immergée du maître-couple = 5^{mc},60, déplacement = 164 tonneaux. — La machine a une puissance normale de quatre-vingt-dix chevaux ; mais sa force réelle est dit-on bien supérieure : elle donne de trente à trente-deux tours par minute, ce qui correspond à cent cinquante ou cent soixante tours de vis dans le même temps. — Le propulseur consiste en trois ailes conoïdales, dont les bords font des angles de 27° à 30° avec un plan perpendiculaire à l'axe ; son diamètre extérieur est de 1^m,54, et la partie principale des ailes a un pas de 2^m,28. — L'axe du propulseur a une longueur de 0^m,61, et l'aire totale est égale à 1^{mc},4, c'est-à-dire au quart de la surface immergée au maître-couple.

La vitesse moyenne du *Mermaid*, observée avec beaucoup d'exactitude à *Long-reach*, a été trouvée de 5^m,0 par seconde, et le nombre de tours de vis étant supposé de cent cinquante-six par minute, il en résulte un recul de 0,16. — Cette vitesse de 5^m,0 obtenue au moyen d'une puissance supérieure à seize chevaux par mètre carré de la surface du maître-couple, sur un navire d'une longueur extrême, n'a rien qui soit à l'avantage du système de M. Rennie. — Acheté plus tard par le gouvernement anglais, le *Mermaid* a pris le nom de *Dwarf*, et ainsi qu'il arrive toujours en pareil cas, son tirant d'eau s'est accru de trois décimètres et sa vitesse a été réduite à 4^m,5.

Nous terminerons ce que nous avons à dire sur les vis à directrice courbe en nous occupant de la vis 9 du *Napoléon*, qui appartient par ce caractère au système Woodcroft, et qui a donné un recul de 0,07. On doit se rappeler, comme nous l'avons fait remarquer déjà, que dans le cas qui nous occupe on ne doit plus évaluer la perte de travail due au recul par le recul lui-même, dont la détermination devient hypothétique ; mais que l'on peut déterminer deux limites entre lesquelles est comprise cette perte, en prenant alternativement *rn* et *rq* (*fig.* 5) pour la longueur du pas, et en calculant le recul relatif à chacune de ces hypothèses. — Cette méthode ne peut offrir quelque exactitude que si la courbure de la directrice n'est pas exagérée ; car si, comme l'ont conseillé quelques mécaniciens, on diminue considérablement l'angle de la partie postérieure avec l'axe, on aura des pertes de travail excessives, tandis que le recul calculé en prenant *rn* pour la longueur du pas, sera réduit à une très-faible valeur : les deux expressions de la perte de travail différeront trop alors, pour que leur moyenne donne une approximation suffisante.

L'emploi de la vis 9 a réduit la vitesse du *Napoléon* à 4m,85 par seconde, en même temps que la vitesse de sa machine à 24,5 tours par minute, et ce résultat était facile à prévoir, puisque l'emploi d'une directrice courbe était presque équivalent à l'allongement du pas; mais pour arriver à donner le nombre de tours voulu, nous ne croyons pas que l'échancrure des parties intérieures de la vis ait assez d'influence, et nous pensons qu'il conviendrait d'opérer la réduction de surface sur toute la longueur du diamètre, ce qui rendrait la forme de cette vis du *Napoléon* semblable à celle que nous cherchons à faire prévaloir.

Expriences proposées.

S'il est bien démontré par un grand nombre d'expériences à la mer, et particulièrement par les résultats de la navigation du *Napoléon*, que les navires à vis ont une supériorité incontestable sur les navires à roues, au point de vue des qualités à la mer et de l'économie de combustible, il est au contraire bien certain que l'on n'est pas encore parvenu à rendre les pertes de travail de la vis inférieures à celles des roues en eau calme. — Les avantages reconnus aux propulseurs sous-marins tiennent essentiellement à leur nature et à la position qu'ils occupent : leur infériorité actuelle ne dépend que de leurs formes, que l'on a déjà modifiées de mille manières, mais sans mettre dans ces expériences diverses toute la suite et toute l'exactitude désirables. — Les expériences à faire sur la vis ne doivent donc pas être des expériences comparatives avec les roues à aubes, à moins qu'on ne les poursuive dans toutes les circonstances où les bâtiments peuvent se trouver placés, et qu'on ne les répète ainsi pour chaque propulseur, ce qui est impraticable. — Elles ne doivent pas davantage être dirigées sur les vitesses relatives que tel ou tel propulseur imprimerait à un bâtiment donné; mais elles doivent avoir pour but de calculer d'une manière précise toutes les lois du mouvement de l'héliçoïde dans l'eau.

Cette question, qu'un grand nombre de personnes seraient disposées à trouver trop scientifique et trop peu pratique, acquiert cependant de l'importance si l'on réfléchit que la propulsion par la vis est appelée à atteindre un développement immense : qu'elle formera sans aucun doute une des branches les plus difficiles de la science de la navigation par la vapeur : et que poser les bases de cette science avant que des constructions coûteuses n'aient été entreprises en grand nombre, c'est éviter dans l'avenir à la marine des dépenses inutiles et des expériences sans fruit.

Tant qu'il s'est agi seulement d'arriver à de grandes vitesses en fabriquant des machines puissantes et légères, et en les établissant sur des navires d'un faible tonnage, l'habileté pratique des mécaniciens anglais a pu donner à leurs constructions une supériorité momentanée; mais ici les questions se déplacent, les problèmes deviennent d'un ordre plus élevé, et leur solution n'exige plus uniquement les connaissances pratiques du mécanicien, mais encore les connaissances scientifiques plus généralement répandues en France qu'en Angleterre.

Pendant long-temps notre patrie fut la première dans la voie des perfectionnements de la navigation, et nos navires à voiles ont toujours été des modèles admirés et imités par nos rivaux. — S'il est vrai que ceux-ci nous aient dépassés dans la construction des navires à roues, la vis nous offre un sûr moyen de ressaisir la prééminence. — Deux Français, MM. Peyre et Rocher, sont parvenus après de laborieux efforts à rendre l'eau de mer potable, et le succès de leur découverte est sanctionné par de nombreuses expériences, dont la plus récente et la plus authentique se lit dans le rapport remarquable du commandant de l'*Archimède* [*]. Ce que M. le commandant Labrousse indiquait comme possible en 1843, est maintenant d'une nécessité démontrée jusqu'à l'évidence; la cale des vaisseaux, débarassée de la plus grande partie de ses caisses à eau, doit être disposée à recevoir de puissantes machines auxiliaires, et la vis est le seul propulseur que l'on puisse songer à leur appliquer.

Nous ne pouvons douter, dès lors, que des expériences sur une grande échelle ne viennent bientôt résoudre d'une manière définitive les questions nombreuses vers lesquelles ont été dirigées nos recherches théoriques et expérimentales, et nous avons l'espoir que ces nouvelles expériences, circonscrites dans des limites plus étroites que les nôtres, mais aussi présentant une exactitude plus grande, sanctionneront la théorie que nous avons cherché à établir et les conséquences qui en ont été déduites.

Ces expériences nouvelles, faites sur un vapeur d'environ quatre-vingts chevaux, pourraient être dirigées de la manière suivante. — Le mouvement de la machine serait transmis à l'arbre du propulseur au moyen de roues à engrenages ou à courroies d'un recul connu, de manière à faire varier arbitrairement le rapport entre la vitesse de la machine et la vitesse de la vis. — L'arbre du propulseur transmettrait le mouvement au navire par son extrémité antérieure portant sur une plaque métallique, et celle-ci au lieu d'être solidement reliée à un massif ainsi que cela se pratique dans le système Smith, serait fixée à l'extrémité du bras d'un levier. L'autre bras, beaucoup plus long, marquerait sur un dynamomètre ou de toute autre manière, la puissance qui, à l'extrémité de ce bras de levier ferait équilibre à la poussée longitudinale exercée par la résistance de l'eau, et agissant par l'intermédiaire de l'arbre sur l'extrémité du bras qui supporte la plaque. — La résistance du navire étant constamment égale à cette poussée, augmentée de l'adhérence de l'arbre sur ses coussinets, valeur très-faible relativement à la première, et qu'il est facile de calculer, il en résulte qu'à chaque instant des expériences on pourrait connaître avec exactitude la résistance du navire, et par suite le travail résistant utile, en mesurant la vitesse et en la multipliant par la résistance trouvée [**]. — Le travail dépensé par la machine se mesurerait par le frein de Prony ou par tout autre moyen : le recul s'obtiendrait au moyen du nombre de tours du propulseur et de la vitesse du navire, exactement calculée, et l'on connaîtrait ainsi dans l'équation (8) tous les termes, excepté le dernier du second membre, qui est une fonction de γ.

Si l'on faisait alors des expériences sur une série de vis ayant la même valeur pour C, C', $\dfrac{m'}{m}$, n, et ne différant que par H, on pourrait vérifier si le terme relatif au frottement est une fonction de H de la forme que nous avons fixée, et dans le cas contraire on déterminerait d'une manière empirique la loi de variation de la perte due au frottement, en fonction de H. — On agirait de même pour C', C, $\dfrac{m'}{m}$ n, et la détermination de γ serait une conséquence naturelle de ces calculs.

Après avoir ainsi trouvé la loi de variation du frottement, on s'y prendrait d'une façon semblable

---

[*] *Annales Maritimes*, février 1841.

[**] Ce procédé, simple et rigoureux, nous a été communiqué par M. Dubié, ingénieur civil, attaché à la construction du *John-Ericson*.

pour le recul, en se servant de l'équation (6). — On déterminerait les coéfficients $\varkappa$, t, que nous avons déjà calculés au moyen de nos expériences, et l'on vérifierait la loi de variation de la résistance de l'eau que nous avons établie. — Il est évident que la connaissance de formules suffisamment exactes, au moyen desquelles seraient fidèlement représentées les influences exercées par chacune des dimensions de la vis, donnerait le moyen de déterminer, dans toutes les circonstances, le propulseur qui convient à un bâtiment donné, et qui réduit à un minimum les pertes de travail dues à la propulsion.

C'est là le problème général de la navigation par la vis : c'est celui que nous nous sommes proposé de résoudre. — L'expérience apprendra jusqu'à quel point nous avons approché du but que nous voulions atteindre.

§ XII. — CONCLUSIONS.

Il ne paraîtra pas inutile, sans doute, de trouver réunies dans un court espace, les propositions principales répandues dans le cours de ces recherches, et les conséquences les plus saillantes qui en ont découlé.

Nous avons établi qu'il n'y avait de dépenses de travail pour la propulsion, que celles provenant d'un déplacement des molécules d'eau, par le choc, la pression ou le frottement, et que par conséquent il convenait de chercher à rendre ce déplacement un minimum, par la suppression du choc et par une diminution du frottement qui n'augmentât pas la pression d'une quantité aussi considérable.

Nous en avons conclu à l'adoption d'une directrice dont la partie antérieure recourbée, reçût la pression du liquide presque parallèlement à sa direction.

Nous avons établi que le coéfficient de résistance de certains corps augmente considérablement avec l'inclinaison du choc du liquide, et nous avons montré un remarquable exemple de ce fait dans la dérive des bâtiments. — Nous avons également fait voir l'analogie extrême qui existe entre le mouvement de la vis dans l'eau, et le mouvement du navire qui, poussé obliquement par l'effort du vent sur les voiles, suit une route intermédiaire entre la direction de la quille et celle de la normale aux voiles. — De ces considérations générales nous avons déduit une hypothèse sur la variation de la résistance des surfaces héliçoïdes en fonction de leur inclinaison sur l'axe, et plus tard cette hypothèse a été justifiée par l'expérience dans les limites généralement adoptées.

Nous avons calculé les formules générales du mouvement de l'héliçoïde dans l'eau, en les vérifiant par des expériences au moyen desquelles nous avons aussi calculé leurs coéfficients.

De ces formules et des principes généraux il résulte :

Que la perte de travail due au recul est égale au travail dépensé multiplié par le recul. — Que le recul est indépendant de la vitesse de rotation de la vis et de la puissance de la machine *. — Que toutes choses égales d'ailleurs, le recul augmente avec la longueur du pas, avec le diamètre intérieur de la vis; qu'il

* Ceci est la conséquence de l'hypothèse d'après laquelle les résistances du navire et du propulseur varient comme les carrés des vitesses. — L'expérience montre une légère diminution du recul lorsque la vitesse du propulseur et du navire augmentent, ce qui semble indiquer que la vitesse du liquide entre à une puissance plus élevée dans l'expression de la résistance du propulseur, que dans celle de la résistance du navire.

diminue lorsque le diamètre extérieur ou la fraction de pas employée augmentent. — Que la perte de travail due au frottement varie comme la fraction de pas employée, comme le complément du recul, et comme le cube du nombre de tours de vis par seconde. — Que si l'on fait abstraction des frottements, le nombre de tours de la machine pendant un temps donné varie comme la racine carrée de la puissance développée pendant un tour de la machine ou de la vis, et en raison inverse du recul, de la racine carrée de la longueur du pas, et du carré de la circonférence extérieure si la vis est pleine. — Que la résistance des branches de la vis augmente avec leur nombre, la surface totale restant la même; que le nombre des branches de la vis restant le même ainsi que son diamètre, la résistance varie suivant la puissance deux-tiers de leur surface, et que le frottement variant comme cette surface, il y a dans bien des cas un avantage évident à réduire la longueur du propulseur suivant l'axe.

Nous avons montré que la perte totale de travail était due à la fois au recul et au frottement; que toutes choses étant semblables sur des bâtiments de différentes grandeurs, le recul était d'autant plus grand que le bâtiment était plus petit, et que le frottement suivait une loi inverse. — Qu'il fallait donc, pour arriver au minimum de perte de travail, chercher surtout à diminuer le recul sur les petits navires et le frottement sur les grands; que par conséquent la fraction de pas employée devait varier depuis l'unité sur ceux-là, jusqu'à la plus faible valeur permise par la solidité sur ceux-ci; et qu'on arrivait ainsi à employer dans ce dernier cas des branches ayant absolument la forme des ailes de moulins à vent.

On a pu remarquer alors que le minimum de perte de travail pour une vis à directrice droite ne se trouvait jamais avec un recul moindre que 0,20; que les dimensions de la vis n'étaient indépendantes de la puissance de la machine qu'abstraction faite de toute résistance étrangère à celle de l'eau, de la résistance du vent par exemple; mais que dans la prévision de résistances de cette nature il fallait augmenter d'autant plus la surface propulsante que la machine était plus faible relativement aux surfaces résistantes du navire.

Nous avons ensuite examiné les principaux systèmes adoptés jusqu'à présent, et nous avons dit que dans l'état actuel des choses, le système d'Ericson nous paraissait supérieur au système Smith à bord des bâtiments dont la vis est le propulseur principal. — Que nous préférions au contraire le système Smith pour les machines auxiliaires. — Que dans tous les cas, la courbure de la directrice proposée d'abord par M. Woodcroft, pouvait diminuer les pertes de travail, si elle était judicieusement employée; et qu'enfin un bâtiment de guerre, dont tout l'appareil devait être à l'abri du boulet, ne pouvait sans imprudence être muni de roues d'engrenages, et qu'il y avait nécessité d'atteler ses machines directement à l'arbre de la vis.

Il nous reste maintenant à fixer les dimensions et les formes des vis que les résultats de nos recherches nous font considérer comme les plus avantageuses. — Nous diviserons pour cela tous les navires en trois grandes catégories, et nous nous occuperons successivement : 1° des vapeurs dont la machine est le principal moteur; 2° des navires à voiles dont la vis est le propulseur auxiliaire; 3° des remorqueurs.

1° *Navires à Vapeur.*

Les proportions de ces navires sont susceptibles de varier d'après leur destination, et ils peuvent se subdiviser en deux classes, dont la première comprendra les avisos, et la deuxième les vapeurs de guerre ou de transport.

Le tirant d'eau arrière sera beaucoup plus grand, relativement à la résistance du maître-couple, sur les navires de la première classe que sur ceux de la seconde, et il en résultera des proportions différentes pour les vis des navires de ces deux espèces. — On devra moins se préoccuper à bord d'un aviso, de mettre le propulseur entièrement à l'abri du boulet, et l'on pourra utiliser presque toute la hauteur du tirant d'eau du navire, en faisant la longueur du pas au moins double du diamètre ainsi déterminé.

Le propulseur sera divisé en huit branches, sur deux moyeux séparés, et l'on emploiera au centre le tiers du pas complet et aux bords seulement le sixième.

La génératrice sera droite et la directrice courbée d'après les règles que nous avons indiquées. — Si l'on consulte le tableau (A) on voit qu'une vis de cette forme, intermédiaire entre les vis R et S, ne donnera guères qu'une perte de travail de 0,30, en ayant égard à l'emploi d'une directrice courbe. — La machine sera directement attelée à l'arbre.

Pour un vapeur de guerre on devra diminuer le diamètre de la vis de manière à ce qu'elle n'effleure plus la surface de l'eau, et d'ailleurs pour tous les navires de la seconde classe le tirant d'eau sera dans un rapport moins élevé relativement à la résistance du maître-couple. Il faudra donc augmenter l'énergie du propulseur en réduisant la valeur de I jusqu'à 1,75, ou ce qui est préférable, en augmentant la fraction de pas employée. — On choisira alors une vis semblable à la vis S, divisée en six branches sur deux moyeux, formée de la moitié du pas au centre, et du quart du pas à la circonférence : l'emploi d'une directrice courbe réduira comme précédemment les pertes à 0,30; mais la machine attelée toujours à l'arbre devra battre un plus grand nombre de coups, pour parcourir le même espace [*].

2° *Navires à machines auxiliaires.*

Lorsque le propulseur n'est plus qu'un auxiliaire des voiles, il doit satisfaire à des conditions de légèreté qui lui permettent de tourner facilement, sous voiles, avec son arbre désembrayé, et qui le rendent facile à démonter à la mer, si on le juge convenable. — Il doit donc avoir un moindre diamètre, et compenser cet affaiblissement d'énergie par l'accroissement de la fraction de pas employée et par la diminution de la longueur du pas. — Cette dernière modification est ici sans inconvénient, parce que la vitesse à atteindre diminue en même temps que la longueur du pas, et parce que les engrenages des machines auxiliaires peuvent être aisément placés sous la flottaison à l'abri du boulet. — On pourra choisir pour type de la vis d'une machine auxiliaire la vis Y pour laquelle

---

[*] Nous supposons qu'il s'agit ici de navires au moins aussi grands que le *Napoléon*. — La valeur de I doit augmenter un peu avec leurs dimensions.

l=1,75, $\frac{m}{m}$ 0,05, et dont les pertes de travail peuvent également se réduire à 0,30 par l'emploi d'une directrice courbe. — Le nombre des branches du propulseur sera réduit à quatre, placées sur le même moyeu, et dans l'exemple que nous avons choisi, cent vingt tours de vis seront nécessaires pour atteindre une vitesse de six nœuds.

On ne peut nier que les principaux avantages de la propulsion par la vis ne consistent dans son alliance avec la navigation à voiles, et l'on sait déjà toute l'économie que procure l'emploi simultané de la vapeur avec détente, et de la voilure sur les navires à roues. — Les machines auxiliaires à vis sont donc inévitablement appelées à résoudre l'important problème de la navigation rapide, à bon marché, en même temps qu'à doubler la puissance militaire des vaisseaux de ligne.

3° *Des Remorqueurs.*

La principale perte que l'on doit chercher à atténuer sur un remorqueur est le recul; il convient donc d'utiliser tout le tirant d'eau du navire, en laissant même émerger en partie le propulseur, et d'adopter pour l une valeur d'autant plus faible, et pour $\frac{m'}{m}$ une valeur d'autant plus élevée que le navire devra remorquer de plus lourdes masses. — Le nombre des branches du propulseur devra être réduit à deux, que l'on établira sur deux moyeux séparés, placés l'un devant l'autre, et l'on pourra faire usage d'une génératrice courbe. — On arrivera ainsi à une puissance de traction bien supérieure à celle que développent les meilleurs remorqueurs à roues, et l'on atteindra ce résultat en utilisant de vieux navires et de vieilles machines, par le simple changement du propulseur.

FIN DES RECHERCHES THÉORIQUES.

APPENDICES.

EXPÉRIENCES SUR UNE VIS A GÉNÉRATRICES COURBES.

VIS Θ. $\quad D = 0^m,40 \quad H = 0^m,80 \quad I = 2,00 \quad m' = 6 \quad \dfrac{m'}{m} = 0,36.$
$\qquad\qquad d = 0^m,10 \quad h = 0^m,048$

OBSERVATIONS.	T	v	T′	v′	N	V	N′	V′	v₁	V,	E	ρ
4 MARS. Forte brise, la rivière clapoteuse. La face convexe de la vis présentée au choc.	54ˢ	1ᵐ 241	52ˢ	1ᶜᵐ 288	18,25	2ᵐ 671	16,25	2ᵐ 432	1ᵐ 265	2ᵐ 551	1ᵐ 286	0,504
	53	1 264	52	1 288	17,75	2 646	16,25	2 470	1 276	2 558	1 282	0,501
	49	1 367	56	1 196	17,00	2 741	17,00	2 400	1 281	2 570	1 289	0,501
moyennes.					n = 3,200				1 274			0,502
Même jour, même temps. La face concave de la vis présentée au choc.	52	1 288	47	1 425	18,50	2 812	16,00	2 690	1 356	2 751	1 395	0,507
	55	1 218	43	1 558	18,50	2 658	14,75	2 711	1 388	2 684	1 296	0,483
	54	1 241	44	1 522	18,75	2 744	14,75	2 650	1 381	2 697	1 316	0,488
					n = 3,389				1 375			0,493
19 MARS. Calme. La face convexe de la vis présentée au choc.	53	1 264	37	1 810	17,50	2 610	13,00	2 776	1 537	2 693	1 156	0,429
	50	1 340	44	1 522	17,00	2 687	14,00	2 514	1 431	2 600	1 109	0,449
	58	1 153	45	1 488	17,75	2 418	13,75	2 415	1 321	2 416	1 095	0,453
					n = 3,213				1 430			0,444
Même jour, même temps. La face concave de la vis présentée au choc.	54	1 241	46	1 456	18,75	2 744	14,00	2 406	1 348	2 575	1 227	0,476
	56	1 196	44	1 522	17,75	2 506	15,00	2 695	1 359	2 600	1 241	0,477
	58	1 153	40	1 673	17,75	2 418	15,00	2 964	1 415	2 692	1 277	0,474
					n = 3,278				1 374			0,476
20 MARS. Calme. La face convexe de la vis présentée au choc.	51	1 313	45	1 488	17,25	2 673	14,50	2 546	1 400	2 610	1 210	0,403
	55	1 218	42	1 595	17,25	2 479	13,75	2 587	1 406	2 533	1 127	0,445
					n = 3,214				1 403			0,454
Même jour, même temps. La face concave de la vis présentée au choc.	55	1 218	49	1 367	18,00	2 586	15,50	2 500	1 292	2 543	1 251	0,492
	59	1 135	48	1 395	18,25	2 445	15,00	2 470	1 265	2 457	1 192	0,485
					n = 3,125				1 278			0,488
Même jour, même temps. La même vis à génératrice droite expérimentée sur les deux faces.	53	1 264	49	1 367	18,75	2 796	17,00	2 742	1 315	2 769	1 454	0,525
	54	1 241	49	1 367	19,00	2 781	16,00	2 580	1 304	2 680	1 376	0,513
	56	1 196	47	1 425	19,00	2 682	15,25	2 564	1 310	2 623	1 313	0,501
	58	1 153	50	1 340	19,00	2 589	15,25	2 482	1 247	2 535	1 288	0,508
					n = 3,315				1 294			0,512

La vis Θ devait être essayée sur les deux faces, afin de servir à l'étude des propriétés de la génératrice courbe; il convenait donc, pour mieux faire sentir l'influence de celle-ci, que le recul fût très-considérable, et l'on a réduit la fraction de pas employée pour satisfaire à cette condition, en même que pour diminuer l'influence de l'irrégularité de la directrice. — Un modèle en bois, construit à la menuiserie de l'usine d'Indret, avec une précision mathématique, a servi de moule pour les branches du propulseur dont la génératrice avait une flèche de deux centimètres et demi. On voit par les tableaux ci-dessus que le recul a été moindre lorsque l'eau choquait la face convexe, que lorsque l'eau choquait la face concave, excepté dans les deux premières expériences faites dans des circonstances qui augmentaient le recul. — La dernière expérience a été faite sur la vis redressée; mais elle ne peut offrir la même exactitude que les précédentes, parce que les branches de la vis étaient légèrement déformées. — Quoi qu'il en soit, ces expériences démontrent de la manière la plus convaincante tout ce que nous avons dit à propos de la génératrice courbe et du mouvement de l'eau sur le propulseur, et nous croyons inutile de nous étendre davantage sur ce sujet.

Tableau A. — *Pertes de travail dues à des vis de différentes dimensions.*

VIS.	$\frac{m'}{m}$	ρ	φ	ρ+φ
Q	1	0,11	0,52	0,63
C = 10m	1/2	0,13	0,34	0,47
H = 4	1/4	0,16	0,20	0,36
I = 1,25	1/8	0,19	0,12	0,31
R	1	0,13	0,43	0,56
C = 10m	1/2	0,16	0,27	0,43
H = 5	1/4	0,19	0,15	0,34
I = 1,57	1/8	0,23	0,08	0,31
S	1	0,15	0,37	0,52
C = 10m	1/2	0,18	0,22	0,40
H = 6	1/4	0,22	0,13	0,35
I = 1,88	1/8	0,27	0,07	0,34

VIS.	$\frac{m'}{m}$	ρ	φ	ρ+φ
T	1	0,17	0,35	0,52
C = 10m	1/2	0,21	0,20	0,41
H = 7	1/4	0,25	0,11	0,36
I = 2,20	1/8	0,30	0,06	0,36
U	1	0,15	0,27	0,42
C = 7m	1/2	0,19	0,15	0,34
H = 3	1/4	0,23	0,08	0,31
I = 1,35	1/8	0,27	0,04	0,31
V	1	0,20	0,21	0,41
C = 7m	1/3	0,24	0,12	0,36
H = 4	1/4	0,28	0,06	0,34
I = 1,79	1/8	0,33	0,03	0,36

VIS.	$\frac{m'}{m}$	ρ	φ	ρ+φ
X	1	0,23	0,19	0,42
C = 7m	1/2	0,28	0,10	0,38
H = 5	1/4	0,33	0,06	0,39
I = 2,24	1/8	0,38	0,03	0,42
Y	1	0,27	0,11	0,38
C = 4m	3/4	0,29	0,08	0,37
H = 2	1/2	0,32	0,05	0,37
I = 1,57	1/4	0,38	0,02	0,40
Z	1	0,16	0,30	0,46
C = 4m	1/3	0,19	0,19	0,38
H = 1	1/4	0,23	0,11	0,34
I = 0,78	1/8	0,28	0,06	0,34

W. C = 5, H = 2, I = 1,25, $\frac{m'}{m} = 1/2$, ρ = 0,23, φ = 0,12, ρ+φ = 0,35.

Les valeurs de ρ et de φ ont été calculées par la formule générale, § VII.

Tableaux B. — *1° Expériences du Napoléon.*

KB = 50k,6, C = 7m,13, C′ = 0, surface immergée du maître-couple = 13mc,4, coéfficient de résistance = $\frac{1}{18}$.

VIS.	H	$\frac{m'}{m}$	RECUL OBSERVÉ.	RECUL CALCULÉ.	NOMBRE de tours de machine par minute OBSERVÉ.	NOMBRE CALCULÉ.	VITESSE en mètres par seconde OBSERVÉE.	VITESSE CALCULÉE.	TRAVAIL utile EN CHEVAUX.	FROTTEMENT calculé EN CHEVAUX.	φ	ρ+φ	FORCE TOTALE dépensée en chevaux OBSERVÉE.	FORCE TOTALE CALCULÉE.
1	4m 27	0,75	0,17	0,23	17,6	18,0	4m 50	4m 30	50,3	13,7	0,16	0,39	84,0	83,1
2	4 27	0,58	0,20	0,25	19,1	18,8	4 67	4 40	53,9	11,5	0,13	0,38	86,8	86,5
3	4 27	0,46	0,18	0,26	20,3	19,5	5 13	4 48	56,7	10,0	0,11	0,37	95,8	89,6
4	4 27	0,45	0,27	»	22,3	»	4 98	»	»	»	»	»	»	»
6	2 97	0,67	0,12	0,18	26,3	27,4	4 98	4 86	72,6	28,0	0,23	0,40	124,3	122,4
7	3 13	0,60	0,13	0,19	25,8	26,7	5 08	4 92	75,2	24,1	0,19	0,38	121,8	122,5
8	3 13	0,60	0,14	0,19	26,4	26,7	5 14	4 92	75,2	24,1	0,19	0,38	124,6	122,5
9	2 97	0,62	0,07	»	24,5	»	4 88	»	»	»	»	»	»	»

2° Calculs sur le John-Ericson.

KB = 26k,4, C = 6m,53, C′ = 3,45, surface immergée du maître-couple = 7mc, coéfficient de résistance = $\frac{1}{18}$.

VIS.	H	$\frac{m'}{m}$	RECUL OBSERVÉ.	RECUL CALCULÉ.	NOMBRE OBSERVÉ.	NOMBRE CALCULÉ.	VITESSE OBSERVÉE.	VITESSE CALCULÉE.	TRAVAIL	FROTTEMENT	φ	ρ+φ	FORCE OBSERVÉE.	FORCE CALCULÉE.
	5m 30	2/3	»	0,26	»	80,4	»	5m 20	47,0	8,0	0,11	0,37	»	75

3° Calculs sur le Great-Britain.

KB = 231k, C = 14m,14, C′ = 0, surface immergée du maître-couple = 68mc, coéfficient de résistance = $\frac{1}{20}$.

VIS.	H	$\frac{m'}{m}$	RECUL OBSERVÉ.	RECUL CALCULÉ.	NOMBRE OBSERVÉ.	NOMBRE CALCULÉ.	VITESSE OBSERVÉE.	VITESSE CALCULÉE.	TRAVAIL	FROTTEMENT	φ	ρ+φ	FORCE OBSERVÉE.	FORCE CALCULÉE.
	4m 88	9/8	»	0,14	»	21,75	»	6m 08	649	485	0,37	0,51	»	1318

Toutes les vis du *Napoléon* ont trois branches, excepté la dernière qui en a quatre. — On n'a porté ici que pour mémoire les vis 4 et 9, et on n'a pas calculé leurs résultats ; parce que la première n'était pas formée d'une manière régulière, et parce que l'on ignorait la nature de la courbe qui servait de directrice à la seconde. Les reculs sont calculés pour la formule § VI, en fonction du frottement. — Le nombre de tours de la vis est calculé d'après une autre formule donnée également dans le même paragraphe ; et le nombre de tours de la machine par minute se conclut du nombre de tours de vis par seconde, en multipliant celui-ci par soixante et en le divisant par 4,344 pour le *Napoléon*, et par quatre pour le *Great-Britain*. — Le nombre de tours de la vis est égal au nombre de tours de la machine pour le *John-Ericson*. — La vitesse du navire se calcule au moyen du recul et du nombre de tours, par la formule $V = nH\delta$.

La perte de travail due au frottement et exprimée en kilogrammètres est donnée par le dernier terme de l'équation (8). — L'effet utile en chevaux est une conséquence de la vitesse calculée, et la force totale dépensée se calcule aisément au moyen de toutes les données précédentes. — Les calculs du tableau (B) sont basés sur l'hypothèse que la force de la machine du *Napoléon* est de 127,5 chevaux pour vingt-sept tours, celle du *Great-Britain* de douze cent quarante chevaux pour vingt tours, et celle de l'*Ericson* de quatre-vingts chevaux pour quatre-vingts tours.

FIN.

TABLE DES MATIÈRES.

Nantes. Imprimerie W. Busseuil.

www.ingramcontent.com/pod-product-compliance
Lightning Source LLC
Chambersburg PA
CBHW061747050726
47598CB00002B/619